화장품법규

이정희 편저

구민사
Technology Computer

Preface

미용학이 대학 학과의 하나로 자리매김 된 지 어언 20여년이 넘어간다. 미용은 화장품과 가장 밀접한 관계가 있는 분야이며, 화장품이 미용의 전반적인 도구라 하여도 과언이 아닐 것이다. 최근에는 미용관련학과를 졸업하여 화장품관련 분야에서 종사하게 되는 경우도 그 빈도가 상당히 높다. 미용관련 학과에서 화장품학이나 화장품제조실습 등의 과목이 진행이 되고 있으며, 화장품 제조판매관리자라는 직업이 생겼고, 최근에는 화장품 제조판매관리자의 자격요건이 화장품 관련 분야 전공자에서 이공계열 전공자로 확대되는 추세이다.

화장품 법규는 1593년 제정된 약사법 규정에 따라 규제를 받아 왔으나, 국내 화장품 산업의 발전을 위해 1999년 9월 7일 별도의 법이 제정 · 공포되었고 2000년 7월부터 시행되고 있다. 화장품법의 가장 큰 변화는 기능성 화장품의 도입이며, 일반 화장품과는 달리 식품의약품안전청으로부터 심사를 받아 허가를 얻어야 제조 및 판매가 가능하다는 것이다. 또한 식약처에서는 화장품 품질관리 및 제조판매의 안전관리를 위해 '화장품법 시행규칙'을 계속적으로 개정하고 있다. 이러한 화장품에 대한 법규는 법제처에 상세히 기록되어 있다. 그리고 2016년 9월 9일 개정된 규칙에서는 제조판매관리자 변경 시 수수료 면제 및 기간의 단축, 화장품 포장에 기재되는 사용 시 주의사항, 10ml(또는 10g) 이하의 소용량 및 샘플 화장품의 제품 정보, 제조(판매)업자가 둘 이상의 장소에서 영업을 하는 경우 현장에서 제품을 관리하는 제조판매관리자 또는 품질관리 업무 종사 직원의 교육 내용 등이 개정되었다.

하나의 제도를 제대로 알기 위해서는 관련 법규에 대한 이해가 선행되어야만 하고 미용을 공부하는 학생들과 산업을 이끌어가는 화장품업계 지도자들 또한 화장품법규를 이해해야 할 필요가 있다. 화장품법규를 학습하는 목적은 화장품 관련업계 전반에 걸친 여러 분야에서 화장품법규가 담고 있는 내용을 구체적으로 알고, 중요한 개념을 이해하며 실무에 도움을 주고자 함에 있다. 또한 2016년 '화장품법규'라는 과목이 광주여자대학교에 신설됨에 따라 학생들의 교육목적으로 이 책을 편저하게 되었다. 부족한 부분이 많겠지만, 모쪼록 학생들의 화장품법규 학습에 다소나마 도움이 될 수 있기를 기대한다.

끝으로 이 책이 출판될 수 있도록 도와주신 구민사 조규백 대표님과 관계자 분들, 광주여자대학 최화정교수님 이하 관계자 분들 그리고 그 외 도와주신 여러분들께 감사의 마음을 전합니다.

2016년 9월

편저자 **이정희**

Contents

제4장 감 독 _ 52

제5장 보 칙 _ 63

제6장 벌 칙 _ 67

[화장품법 시행령]

[화장품법 시행규칙]

[위임행정규칙(내용순)]

화장품법 [법률 제14264호, 2016.5.29., 일부개정]	화장품법 시행령 [대통령령 제26452호, 2015.7.24., 일부개정]	화장품법 시행규칙 [총리령 제1297호, 2016.6.30., 타법개정]	위임 행정규칙
제1장 총 칙			
제1조【목적】 이 법은 화장품의 제조·수입 및 판매 등에 관한 사항을 규정함으로써 국민보건 향상과 화장품 산업의 발전에 기여함을 목적으로 한다.			
제2조【정의】 이 법에서 사용하는 용어의 뜻은 다음과 같다. <개정 2013.3.23> 1. "화장품"이란 인체를 청결·미화하여 매력을 더하고 용모를 밝게 변화시키거나 피부·모발의 건강을 유지 또는 증진하기 위하여 인체에 바르고 문지르거나 뿌리는 등 이와 유사한 방법으로 사용되는 물품으로서 인체에 대한 작용이 경미한 것을 말한다. 다만, 「약사법」 제2조제4호의 의약품에 해당하는 물품은 제외한다. 2. "기능성화장품"이란 화장품 중에서 다음 각 목의 어느 하나에 해당되는 것으로서 총리령으로 정하는 화장품을 말한다. 가. 피부의 미백에 도움을 주는 제품 나. 피부의 주름개선에 도움을 주는 제품 다. 피부를 곱게 태워주거나 자외선으로부터 피부를 보호하는 데에 도움을 주는 제품 3. "유기농화장품"이란 유기농 원료, 동식물 및 그 유래 원료 등으로 제조되고, 식품의약		**제2조【기능성화장품의 범위】**「화장품법」(이하 "법"이라 한다) 제2조제2호 각 목 외의 부분에서 "총리령으로 정하는 화장품"이란 다음 각 호의 화장품을 말한다. <개정 2013.3.23> 1. 피부에 멜라닌색소가 침착하는 것을 방지하여 기미·주근깨 등의 생성을 억제함으로써 피부의 미백에 도움을 주는 기능을 가진 화장품 2. 피부에 침착된 멜라닌색소의 색을 엷게 하여 피부의 미백에 도움을 주는 기능을 가진 화장품 3. 피부에 탄력을 주어 피부의 주름을 완화 또는 개선하는 기능을 가진 화장품 4. 강한 햇볕을 방지하여 피부를 곱게 태워주는 기능을 가진 화장품 5. 자외선을 차단 또는 산란시켜 자외선으로부터 피부를 보호하는 기능을 가진 화장품	유기농화장품의 기준에 관한 규정

품안전처장이 정하는 기준에 맞는 화장품을 말한다.

4. "안전용기·포장"이란 만 5세 미만의 어린이가 개봉하기 어렵게 설계·고안된 용기나 포장을 말한다.
5. "사용기한"이란 화장품이 제조된 날부터 적절한 보관 상태에서 제품이 고유의 특성을 간직한 채 소비자가 안정적으로 사용할 수 있는 최소한의 기한을 말한다.
6. "1차 포장"이란 화장품 제조 시 내용물과 직접 접촉하는 포장용기를 말한다.
7. "2차 포장"이란 1차 포장을 수용하는 1개 또는 그 이상의 포장과 보호재 및 표시의 목적으로 한 포장(첨부문서 등을 포함한다)을 말한다.
8. "표시"란 화장품의 용기·포장에 기재하는 문자·숫자 또는 도형을 말한다.
9. "광고"란 라디오·텔레비전·신문·잡지·음성·음향·영상·인터넷·인쇄물·간판, 그 밖의 방법에 의하여 화장품에 대한 정보를 나타내거나 알리는 행위를 말한다.

행정규칙

- 유기농화장품의 기준에 관한 규정

제2조【정의】 이 법에서 사용하는 용어의 뜻은 다음과 같다. <개정 2013.3.23., 2016.5.29.>

1. "화장품"이란 인체를 청결·미화하여 매력을 더하고 용모를 밝게 변화시키거

나 피부·모발의 건강을 유지 또는 증진하기 위하여 인체에 바르고 문지르거나 뿌리는 등 이와 유사한 방법으로 사용되는 물품으로서 인체에 대한 작용이 경미한 것을 말한다. 다만, 「약사법」 제2조제4호의 의약품에 해당하는 물품은 제외한다.

2. "기능성화장품"이란 화장품 중에서 다음 각 목의 어느 하나에 해당되는 것으로서 총리령으로 정하는 화장품을 말한다.
   가. 피부의 미백에 도움을 주는 제품
   나. 피부의 주름개선에 도움을 주는 제품
   다. 피부를 곱게 태워주거나 자외선으로부터 피부를 보호하는 데에 도움을 주는 제품
   라. 모발의 색상 변화·제거 또는 영양공급에 도움을 주는 제품
   마. 피부나 모발의 기능 약화로 인한 건조함, 갈라짐, 빠짐, 각질화 등을 방지하거나 개선하는 데에 도움을 주는 제품
3. "유기농화장품"이란 유기농 원료, 동식물 및 그 유래 원료 등으로 제조되고, 식품의약품안전처장이 정하는 기준에 맞는 화장품을 말한다.
4. "안전용기·포장"이란 만 5세 미만의 어린이가 개봉하기 어렵게 설계·고안된 용기나 포장을 말한다.

5. "사용기한"이란 화장품이 제조된 날부터 적절한 보관 상태에서 제품이 고유의 특성을 간직한 채 소비자가 안정적으로 사용할 수 있는 최소한의 기한을 말한다. 6. "1차 포장"이란 화장품 제조 시 내용물과 직접 접촉하는 포장용기를 말한다. 7. "2차 포장"이란 1차 포장을 수용하는 1개 또는 그 이상의 포장과 보호재 및 표시의 목적으로 한 포장(첨부문서 등을 포함한다)을 말한다. 8. "표시"란 화장품의 용기·포장에 기재하는 문자·숫자 또는 도형을 말한다. 9. "광고"란 라디오·텔레비전·신문·잡지·음성·음향·영상·인터넷·인쇄물·간판, 그 밖의 방법에 의하여 화장품에 대한 정보를 나타내거나 알리는 행위를 말한다. [시행일 : 2017.5.30.] 제2조제2호			
제 2 장　화장품의 제조·유통			
제3조【제조판매업의 등록 등】 ① 화장품의 전부 또는 일부(2차 포장 또는 표시만의 공정은 제외한다)를 제조하려는 자(이하 "제조업자"라 한다)와 그 제조(위탁하여 제조하는 경우를 포함한다)한 화장품 또는 수입한 화장품을 유통·판매하거나 수입대행형 거래를 목적으로 알선·수여하려는 자(이하 "제조판매업자"라 한		**제3조【제조업의 등록 등】** ① 법 제3조제1항에 따른 제조업자(이하 "제조업자"라 한다)로 등록하여야 하는 대상은 다음 각 호와 같다. 1. 화장품을 직접 제조하려는 자 2. 제조를 위탁받아 화장품을 제조하려는 자 3. 화장품의 포장 또는 표시만의 공정을 하려는 자	

다)는 총리령으로 정하는 바에 따라 각각 식품의약품안전처장에게 등록하여야 한다. 등록한 사항 중 총리령으로 정하는 중요한 사항을 변경할 때에도 또한 같다. <개정 2013.3.23, 2016.2.3>

② 다음 각 호의 어느 하나에 해당하는 자는 제조업 또는 제조판매업 등록을 할 수 없다. 다만, 제1호 및 제3호는 제조업만 해당한다. <개정 2014.3.18, 2016.2.3>

1. 「정신보건법」 제3조제1호에 따른 정신질환자. 다만, 전문의가 제조업자로서 적합하다고 인정하는 사람은 그러하지 아니하다.
2. 피성년후견인 또는 파산선고를 받고 복권되지 아니한 자
3. 마약이나 그 밖의 유독물질의 중독자
4. 이 법 또는 「보건범죄 단속에 관한 특별조치법」을 위반하여 금고 이상의 형을 선고받고 그 집행이 끝나지 아니하거나 그 집행을 받지 아니하기로 확정되지 아니한 자
5. 제24조에 따라 등록이 취소(이 항 제1호부터 제3호까지에 해당하여 등록이 취소된 경우는 제외한다)된 날부터 1년이 지나지 아니한 자

③ 제1항에 따라 등록을 하려는 제조업자는 총리령으로 정하는 바에 따라 적합한 시설을 갖추어야 한다. 다만, 화장품의 일부 공정만을 제조하는 등 총리령으로 정하는 경우에 해당하는 때에는 시설의 일부를 갖추지 아니할 수 있다. <개정 2013.3.23>

② 제1항에 따라 제조업 등록을 하려는 자는 별지 제1호서식의 화장품 제조업 등록신청서(전자문서로 된 신청서를 포함한다)에 다음 각 호의 서류(전자문서를 포함한다)를 첨부하여 제조소의 소재지를 관할하는 지방식품의약품안전청장에게 제출하여야 한다.

1. 제조업자(법인인 경우에는 대표자를 말한다. 이하 이 항에서 같다)가 법 제3조제2항제1호 본문에 해당되지 아니함을 증명하는 의사의 진단서 또는 법 제3조제2항제1호 단서에 해당하는 사람임을 증명하는 전문의의 진단서
2. 제조업자가 법 제3조제2항제3호에 해당되지 아니함을 증명하는 의사의 진단서
3. 시설의 명세서

③ 제2항에 따라 신청서를 받은 지방식품의약품안전청장은 「전자정부법」 제36조제1항에 따른 행정정보의 공동이용을 통하여 법인 등기사항증명서(법인인 경우만 해당한다)를 확인하여야 한다.

④ 지방식품의약품안전청장은 제2항에 따른 등록신청이 등록요건을 갖춘 경우에는 화장품 제조업 등록대장에 다음 각 호의 사항을 적고, 별지 제2호서식의 화장품 제조업 등록필증(이하 "제조업등록필증"이라 한다)을 발급하여야 한다. <개정 2014.9.24>

1. 등록번호 및 등록연월일
2. 제조업자의 성명 및 생년월일(법인인 경우에는 대표자의 성명 및 생년월일)

화장품 사용 시의 주의사항 표시에 관한 규정

④ 제1항에 따른 제조판매업자가 제조판매업을 등록하려고 할 때에는 총리령으로 정하는 화장품의 품질관리 및 제조판매 후 안전관리에 적합한 기준을 갖추어야 하며, 이를 관리할 수 있는 관리자(이하 "제조판매관리자"라 한다)를 두어야 한다. <개정 2013.3.23> ⑤ 제1항부터 제4항까지의 규정에 따른 등록 등에 관한 절차 또는 제조판매관리자의 자격기준과 직무 등에 관하여 필요한 사항은 총리령으로 정한다. <개정 2013.3.23>		3. 제조업자의 상호(법인인 경우에는 법인의 명칭) 4. 제조소의 소재지 5. 제조 유형 **행정규칙** • 화장품 사용 시의 주의사항 표시에 관한 규정
		제4조【제조판매업의 등록 등】 ① 법 제3조제1항에 따른 제조판매업자(이하 "제조판매업자"라 한다)로 등록하여야 하는 대상은 다음 각 호와 같다. 1. 직접 제조한 화장품을 유통·판매하려는 자 2. 위탁하여 제조한 화장품을 유통·판매하려는 자 3. 수입한 화장품을 유통·판매하려는 자 4. 수입대행형 거래(전자상거래만 해당한다)를 목적으로 화장품을 알선·수여하려는 자 ② 제1항에 따라 제조판매업 등록을 하려는 자는 별지 제3호서식의 화장품 제조판매업 등록신청서(전자문서로 된 신청서를 포함한다)에 다음 각 호의 서류(전자문서를 포함하며, 제1항 제4호에 해당하는 경우에는 제1호 및 제2호의 서류만 해당한다)를 첨부하여 제조판매업소의 소재지를 관할하는 지방식품의약품안전청장에게 제출하여야 한다. <개정 2016.9.9>

1. 제조판매업자(법인인 경우에는 대표자를 말한다. 이하 이 항에서 같다)가 법 제3조제2항제1호 본문에 해당되지 아니함을 증명하는 의사의 진단서 또는 법 제3조제2항제1호 단서에 해당하는 사람임을 증명하는 전문의의 진단서
2. 제조판매업자가 법 제3조제2항제3호에 해당되지 아니함을 증명하는 의사의 진단서

1. 삭제 <2016.9.9> 2. 삭제 <2016.9.9.>

3. 법 제3조제4항에 따른 화장품의 품질관리 및 제조판매 후 안전관리에 적합한 기준에 관한 규정
4. 법 제3조제5항에 따른 제조판매관리자(이하 "제조판매관리자"라 한다)의 자격을 확인할 수 있는 서류

③ 제2항에 따라 신청서를 받은 지방식품의약품안전청장은 「전자정부법」 제36조제1항에 따른 행정정보의 공동이용을 통하여 법인 등기사항증명서(법인인 경우만 해당한다)를 확인하여야 한다.

④ 지방식품의약품안전청장은 제2항에 따른 등록신청이 등록요건을 갖춘 경우에는 화장품 제조판매업 등록대장에 다음 각 호의 사항을 적고, 별지 제4호서식의 화장품 제조판매업 등록필증(이하 "제조판매업등록필증"이라 한다)을 발급하여야 한다. <개정 2014.9.24>

1. 등록번호 및 등록연월일
2. 제조판매업자의 성명 및 생년월일(법인인 경우에는 대표자의 성명 및 생년월일)

3. 제조판매업자의 상호(법인인 경우에는 법인의 명칭)
4. 제조판매업소의 소재지
5. 제조판매관리자의 성명 및 생년월일
6. 제조판매 유형

제5조【제조업 등의 변경등록】 ① 법 제3조제1항 후단에 따라 제조업자 또는 제조판매업자가 변경등록을 하여야 하는 경우는 다음 각 호와 같다. <개정 2014.9.24>

1. 제조업자는 다음 각 목의 어느 하나에 해당하는 경우
   가. 제조업자의 변경(법인인 경우에는 대표자의 변경)
   나. 제조업자의 상호 변경(법인인 경우에는 법인의 명칭 변경)
   다. 제조소의 소재지 변경
   라. 제조 유형 변경
2. 제조판매업자는 다음 각 목의 어느 하나에 해당하는 경우
   가. 제조판매업자의 변경(법인인 경우에는 대표자의 변경)
   나. 제조판매업자의 상호 변경(법인인 경우에는 법인의 명칭 변경)
   다. 제조판매업소의 소재지 변경
   라. 제조판매관리자의 변경
   마. 제조판매 유형 변경

② 제조업자 또는 제조판매업자는 제1항에 따른 변경등록을 하는 경우에는 변경 사유가 발생한 날부터 30일 이내에 별지 제5호서식의 화장품 제조업 변경등록 신청서(전자문서

로 된 신청서를 포함한다) 또는 별지 제6호 서식의 화장품 제조판매업 변경등록 신청서(전자문서로 된 신청서를 포함한다)에 제조업등록필증 또는 제조판매업등록필증과 다음 각 호의 구분에 따라 해당 서류(전자문서를 포함한다)를 첨부하여 지방식품의약품안전청장에게 제출하여야 한다. 이 경우 등록 관청을 달리하는 제조소 또는 제조판매업소의 소재지 변경의 경우에는 새로운 소재지를 관할하는 지방식품의약품안전청장에게 제출하여야 한다. <개정 2014.9.24>

1. 제조업자 또는 제조판매업자의 변경(법인의 경우에는 대표자의 변경)의 경우에는 다음 각 목의 서류
   가. 제3조제2항제1호 또는 제4조제2항제1호에 해당하는 서류
   나. 제3조제2항제2호 또는 제4조제2항제2호에 해당하는 서류
   다. 양도·양수의 경우에는 이를 증명하는 서류
   라. 상속의 경우에는 「가족관계의 등록 등에 관한 법률」 제15조제1항제1호의 가족관계증명서
2. 제조소의 소재지 변경(행정구역개편에 따른 사항은 제외한다)의 경우 : 제3조제2항제3호에 해당하는 서류
3. 제조판매관리자 변경의 경우 : 제4조제2항제4호에 해당하는 서류(제4조제1항제4호의 제조판매업자가 두는 제조판매관리자는 제

외한다)

4. 다음 각 목에 해당하는 제조 유형 또는 제조판매 유형 변경의 경우
   가. 제3조제1항제3호의 제조 유형으로 등록한 자가 같은 항 제1호 또는 제2호의 제조 유형으로 변경하거나 같은 항 제1호 또는 제2호의 제조 유형을 추가하는 경우 : 제3조제2항제3호에 해당하는 서류
   나. 제4조제1항제4호의 제조판매 유형으로 등록한 자가 같은 항 제1호, 제2호 또는 제3호의 제조판매 유형으로 변경하거나 같은 항 제1호, 제2호 또는 제3호의 제조판매 유형을 추가하는 경우 : 제4조제2항제3호 및 제4호에 해당하는 서류

③ 제1항 및 제2항에 따라 제조업등록 변경신청서 또는 제조판매업등록 변경신청서를 받은 지방식품의약품안전청장은 「전자정부법」 제36조제1항에 따른 행정정보의 공동이용을 통하여 법인 등기사항증명서(법인인 경우만 해당한다)를 확인하여야 한다.

④ 지방식품의약품안전청장은 제2항 및 제3항에 따른 변경등록 신청사항을 확인한 후 화장품 제조업 등록대장 또는 화장품 제조판매업 등록대장에 각각의 변경사항을 적고, 제조업등록필증 또는 제조판매업등록필증의 뒷면에 변경사항을 적은 후 이를 내주어야 한다.

제6조【시설기준 등】 ① 법 제3조제3항 본문에 따라 제조업자가 갖추어야 하는 시설은 다음

각 호와 같다.

1. 제조 작업을 하는 다음 각 목의 시설을 갖춘 작업소
   가. 쥐·해충 및 먼지 등을 막을 수 있는 시설
   나. 작업대 등 제조에 필요한 시설 및 기구
   다. 가루가 날리는 작업실은 가루를 제거하는 시설
2. 원료·자재 및 제품을 보관하는 보관소
3. 원료·자재 및 제품의 품질검사를 위하여 필요한 시험실
4. 품질검사에 필요한 시설 및 기구

② 제1항에도 불구하고 법 제3조제3항 단서에 따라 다음 각 호의 경우에는 그 구분에 따라 시설의 일부를 갖추지 아니할 수 있다. <개정 2013.3.23, 2014.8.20>

1. 제조업자가 화장품의 일부 공정만을 제조하는 경우에는 해당 공정에 필요한 시설 및 기구 외의 시설 및 기구
2. 다음 각 목의 어느 하나에 해당하는 기관 등에 원료·자재 및 제품에 대한 품질검사를 위탁하는 경우에는 제1항제3호 및 제4호의 시설 및 기구
   가. 「보건환경연구원법」 제2조에 따른 보건환경연구원
   나. 제1항제3호에 따른 시험실을 갖춘 제조업자
   다. 「식품·의약품분야 시험·검사 등에 관한 법률」 제6조에 따른 화장품 시험·

검사기관(이하 "화장품 시험·검사기관"이라 한다)

라. 「약사법」 제67조에 따라 조직된 사단법인인 한국의약품수출입협회

③ 제조업자는 화장품의 제조시설을 이용하여 화장품 외의 물품을 제조할 수 있다. 다만, 제품 상호 간에 오염의 우려가 있는 경우에는 그러하지 아니하다.

제7조【화장품의 품질관리기준 등】 법 제3조제4항에 따른 화장품의 품질관리기준은 별표 1과 같고, 제조판매 후 안전관리기준은 별표 2와 같다.

제8조【제조판매관리자의 자격기준 등】 ① 법 제3조제4항에 따라 제조판매업자(제4조제1항제4호의 제조판매업자는 제외한다)가 두어야 하는 제조판매관리자는 다음 각 호의 어느 하나의 해당하는 사람이어야 한다. <개정 2013.12.6, 2014.9.24>

1. 「의료법」에 따른 의사 또는 「약사법」에 따른 약사
2. 「고등교육법」 제2조 각 호에 따른 학교(같은 조 제4호의 전문대학은 제외한다. 이하 이 조에서 "대학등"이라 한다)에서 학사 이상의 학위를 취득한 사람(법령에서 이와 같은 수준 이상의 학력이 있다고 인정한 사람을 포함한다. 이하 이 조에서 같다)으로서 화학·생물학·화학공학·생물공학·미생물학·생화학·생명과학·생명공학·유전공학·향장학·화장품과학·한의학과·한약학과

등 화장품 관련 분야(이하 "화장품 관련 분야"라 한다)를 전공한 사람

3. 「고등교육법」 제2조제4호에 따른 전문대학(이하 이 조에서 "전문대학"이라 한다) 졸업자(법령에서 이와 같은 수준 이상의 학력이 있다고 인정한 사람을 포함한다)로서 화장품 관련 분야를 전공하고 화장품 제조 또는 품질관리 업무에 1년 이상 종사한 경력이 있는 사람
4. 그 밖에 화장품 제조 또는 품질관리 업무에 2년 이상 종사한 경력이 있는 사람
5. 삭제 <2014.9.24>
6. 삭제 <2014.9.24>

② 제조판매관리자는 다음 각 호의 직무를 수행한다.

1. 별표 1의 품질관리기준에 따른 품질관리 업무
2. 별표 2의 제조판매 후 안전관리기준에 따른 안전확보 업무
3. 원료 및 자재의 입고(入庫)부터 완제품의 출고에 이르기까지 필요한 시험·검사 또는 검정에 대하여 제조업자를 관리·감독하는 업무

③ 상시근로자수가 10명 이하인 제조판매업을 경영하는 제조판매업자(법인인 경우에는 그 대표자를 말한다)가 제1항 각 호의 어느 하나에 해당하는 사람인 경우에는 그 사람이 제2항에 따른 제조판매관리자의 직무를 수행할 수 있다. 이 경우 법 제3조제4항에 따른

법	시행령	시행규칙	비고
		제조판매관리자를 둔 것으로 본다. <신설 2013.12.6, 2016.6.30> **제31조【등록필증 등의 재발급 등】** ① 법 제31조에 따라 제조판매업등록필증·제조업등록필증 또는 기능성화장품심사결과통지서(이하 "등록필증등"이라 한다)를 재발급받으려는 자는 별지 제18호서식 또는 별지 제19호서식의 재발급신청서(전자문서로 된 신청서를 포함한다)에 다음 각 호의 서류(전자문서를 포함한다)를 첨부하여 각각 지방식품의약품안전청장 또는 식품의약품안전평가원장에게 제출하여야 한다. <개정 2013.3.23> 1. 등록필증등이 헐어 사용할 수 없게 된 경우에는 그 등록필증등 2. 등록필증등을 잃어버린 경우에는 그 사유서 ② 등록필증등을 재발급 받은 후 잃어버린 등록필증등을 찾았을 때에는 지체 없이 이를 해당 발급기관의 장에게 반납하여야 한다. ③ 법 제3조에 따른 제조업자 또는 제조판매업자의 등록 등의 확인 또는 증명을 받으려는 자는 확인신청서 또는 증명신청서(각각 전자문서로 된 신청서를 포함하며, 외국어의 경우에는 번역문을 포함한다)를 식품의약품안전처장 또는 지방식품의약품안전청장에게 제출하여야 한다. <개정 2013.3.23>	
제4조【기능성화장품의 심사 등】 ① 기능성화장품을 제조 또는 수입하여 판매하려는 제조판매업자는 품목별로 안전성 및 유효성에 관하여 식품의약품안전처장의 심사를 받거나 식품		**제9조【기능성화장품의 심사】** ① 법 제4조제1항에 따라 기능성화장품(제10조에 따라 보고서를 제출해야 하는 기능성화장품은 제외한다. 이하 이 조에서 같다)을 제조 또는 수입하여	기능성화장품 심사에 관한 규정

의약품안전처장에게 보고서를 제출하여야 한다. 심사받은 사항을 변경하고자 할 때에도 또한 같다. <개정 2013.3.23>

② 제1항에 따른 유효성에 관한 심사는 제2조 제2호 각 목에 규정된 효능·효과에 한하여 실시한다.

③ 제1항에 따른 심사를 받으려는 자는 총리령으로 정하는 바에 따라 그 심사에 필요한 자료를 식품의약품안전처장에게 제출하여야 한다. <개정 2013.3.23>

④ 제1항 및 제2항에 따른 심사 또는 보고서 제출의 대상과 절차 등에 관하여 필요한 사항은 총리령으로 정한다. <개정 2013.3.23>

판매하려는 제조판매업자는 품목별로 별지 제7호서식의 기능성화장품 심사의뢰서(전자문서로 된 심사의뢰서를 포함한다)에 다음 각 호의 서류(전자문서를 포함한다)를 첨부하여 식품의약품안전평가원장의 심사를 받아야 한다. 다만, 식품의약품안전처장이 제품의 효능·효과를 나타내는 성분·함량을 고시한 품목의 경우에는 제1호부터 제4호까지의 자료 제출을, 기준 및 시험방법을 고시한 품목의 경우에는 제5호의 자료 제출을 각각 생략할 수 있다. <개정 2013.3.23, 2013.12.6>

1. 기원(起源) 및 개발 경위에 관한 자료
2. 안전성에 관한 자료
   가. 단회 투여 독성시험 자료
   나. 1차 피부 자극시험 자료
   다. 안(眼)점막 자극 또는 그 밖의 점막 자극시험 자료
   라. 피부 감작성시험(感作性試驗) 자료
   마. 광독성(光毒性) 및 광감작성 시험 자료
   바. 인체 첩포시험(貼布試驗) 자료
3. 유효성 또는 기능에 관한 자료
   가. 효력시험 자료
   나. 인체 적용시험 자료
4. 자외선 차단지수 및 자외선A 차단등급 설정의 근거자료(자외선을 차단 또는 산란시켜 자외선으로부터 피부를 보호하는 기능을 가진 화장품의 경우만 해당한다)
5. 기준 및 시험방법에 관한 자료[검체(檢體)를 포함한다]

기능성화장품 기준 및 시험방법

② 제1항에도 불구하고 제조판매업자 간에 법 제4조제1항에 따라 심사를 받은 기능성화장품에 대한 권리를 양도·양수하여 제1항에 따른 심사를 받으려는 경우에는 제1항 각 호의 첨부서류를 갈음하여 양도·양수계약서를 제출할 수 있다.

③ 제1항에 따라 심사를 받은 사항을 변경하려는 자는 별지 제8호서식의 기능성화장품 변경심사 의뢰서(전자문서로 된 의뢰서를 포함한다)에 다음 각 호의 서류(전자문서를 포함한다)를 첨부하여 식품의약품안전평가원장에게 제출하여야 한다. <개정 2013.3.23>

1. 먼저 발급받은 기능성화장품심사결과통지서
2. 변경사유를 증명할 수 있는 서류

④ 식품의약품안전평가원장은 제1항 또는 제3항에 따라 심사의뢰서나 변경심사 의뢰서를 받은 경우에는 다음 각 호의 심사기준에 따라 심사하여야 한다. <개정 2013.3.23>

1. 기능성화장품의 원료와 그 분량은 효능·효과 등에 관한 자료에 따라 합리적이고 타당하여야 하며, 각 성분의 배합의의(配合意義)가 인정되어야 할 것
2. 기능성화장품의 효능·효과는 법 제2조제2호 각 목에 적합할 것
3. 기능성화장품의 용법·용량은 오용될 여지가 없는 명확한 표현으로 적을 것

⑤ 식품의약품안전평가원장은 제1항부터 제4항까지의 규정에 따라 심사를 한 후 심사대장에 다음 각 호의 사항을 적고, 별지 제9호서

식의 기능성화장품 심사·변경심사 결과통지서를 발급하여야 한다. <개정 2013.3.23>

1. 심사번호 및 심사연월일 또는 변경심사 연월일
2. 제조판매업자의 상호(법인인 경우에는 법인의 명칭) 및 소재지
3. 제품명
4. 효능·효과

⑥ 제1항부터 제4항까지의 규정에 따른 첨부자료의 범위·요건·작성요령과 제출이 면제되는 범위 및 심사기준 등에 관한 세부 사항은 식품의약품안전처장이 정하여 고시한다. <개정 2013.3.23., 2013.12.6>

행정규칙

- 기능성화장품 기준 및 시험방법
- 기능성화장품 심사에 관한 규정

제10조【보고서 제출 대상 등】 ① 법 제4조제1항에 따라 기능성화장품의 심사를 받지 아니하고 식품의약품안전평가원장에게 보고서를 제출하여야 하는 대상은 다음 각 호와 같다. <개정 2013.3.23, 2013.12.6>

1. 효능·효과가 나타나게 하는 성분의 종류·함량, 효능·효과, 용법·용량, 기준 및 시험방법이 식품의약품안전처장이 고시한 품목과 같은 기능성화장품
2. 이미 심사를 받은 기능성화장품[제조판매업자가 같거나 제조업자(제조업자가 제품을 설계·개발·생산하는 방식으로 제조한 경

우만 해당한다)가 같은 기능성화장품만 해당한다]과 다음 각 목의 사항이 모두 같은 품목. 다만, 제2조제1호부터 제3호까지의 기능성화장품은 이미 심사를 받은 품목이 대조군(對照群)(효능·효과가 나타나게 하는 성분을 제외한 것을 말한다)과의 비교실험을 통하여 효능이 입증된 경우만 해당한다.

가. 효능·효과가 나타나게 하는 원료의 종류·규격 및 함량(액체상태인 경우에는 농도를 말한다)

나. 효능·효과(제2조제4호 및 제5호의 기능성화장품의 경우 자외선 차단지수의 측정값이 마이너스 20퍼센트 이하의 범위에 있는 경우에는 같은 효능·효과로 본다)

다. 기준(pH에 관한 기준은 제외한다) 및 시험방법

라. 용법·용량

마. 제형(劑形)[제2조제1호부터 제3호까지의 기능성화장품의 경우에는 액제(液劑)와 로션제를 같은 제형으로 본다]

② 제1항의 기능성화장품을 제조 또는 수입하여 판매하려는 제조판매업자는 품목별로 별지 제10호서식의 기능성화장품 심사 제외 품목 보고서(전자문서로 된 보고서를 포함한다)를 식품의약품안전평가원장에게 제출해야 한다. <개정 2013.3.23>

③ 제2항에 따라 보고서를 받은 식품의약품

		안전평가원장은 제1항에 따른 요건을 확인한 후 다음 각 호의 사항을 기능성화장품의 보고대장에 적어야 한다. <개정 2013.3.23> 1. 보고번호 및 보고연월일 2. 제조판매업자의 상호(법인인 경우에는 법인의 명칭) 및 소재지 3. 제품명 4. 효능·효과	
제5조【제조판매업자 등의 의무 등】 ① 제조판매업자는 화장품의 품질관리, 제조판매 후 안전관리, 그 밖에 제조판매에 관하여 총리령으로 정하는 사항을 준수하여야 한다. <개정 2013.3.23> ② 제조업자는 화장품의 제조에 관하여 총리령으로 정하는 사항을 준수하여야 한다. <개정 2013.3.23> ③ 제조판매업자는 총리령으로 정하는 바에 따라 화장품의 생산실적 또는 수입실적, 화장품의 제조과정에 사용된 원료의 목록 등을 식품의약품안전처장에게 보고하여야 한다. <개정 2013.3.23> ④ 식품의약품안전처장은 국민 건강상 위해를 방지하기 위하여 필요하다고 인정하면 제조업자, 제조판매업자 및 제조판매관리자에게 화장품의 안전성 확보 및 품질관리에 관한 교육을 받을 것을 명할 수 있다. <개정 2013.3.23> ⑤ 제4항에 따른 교육의 실시 기관, 내용 및 대상 등에 관하여 필요한 사항은 총리령으로 정한다. <개정 2013.3.23>		**제11조【제조판매업자의 준수사항】** 법 제5조제1항에 따라 화장품의 제조판매업자가 준수하여야 할 사항은 다음 각 호(제4조제1항제4호의 제조판매업자는 제1호, 제2호, 제4호가목·다목·사목·차목 및 제10호만 해당한다)와 같다. <개정 2013.3.23, 2013.12.6, 2015.4.2> 1. 별표 1의 품질관리기준을 준수할 것 2. 별표 2의 제조판매 후 안전관리기준을 준수할 것 3. 제조업자로부터 받은 제품표준서 및 품질관리기록서(전자문서 형식을 포함한다)를 보관할 것 4. 수입한 화장품에 대하여 다음 각 목의 사항을 적거나 또는 첨부한 수입관리기록서를 작성·보관할 것 가. 제품명 또는 국내에서 판매하려는 명칭 나. 원료성분의 규격 및 함량 다. 제조국, 제조회사명 및 제조회사의 소재지 라. 기능성화장품심사결과통지서 사본 마. 제조 및 판매증명서. 다만, 「대외무역법」	화장품 안전성 정보관리 규정 우수화장품 제조 및 품질관리 기준 수입화장품 품질검사 면제에 관한 규정 화장품 법령·제도 등 교육실시 기관 지정 및 교육에 관한 규정 화장품의 생산·수입실적 및 원료목록 보고에 관한 규정

제12조제2항에 따른 통합 공고상의 수출입 요건 확인기관에서 제조 및 판매 증명서를 갖춘 제조판매업자가 수입한 화장품과 같다는 것을 확인받고, 제6조제2항제2호가목, 다목 또는 라목의 기관으로부터 제조판매업자가 정한 품질관리기준에 따른 검사를 받아 그 시험성적서를 갖추어 둔 경우에는 이를 생략할 수 있다.

바. 한글로 작성된 제품설명서 견본

사. 최초 수입연월일(통관연월일을 말한다. 이하 이 호에서 같다)

아. 제조번호별 수입연월일 및 수입량

자. 제조번호별 품질검사 연월일 및 결과

차. 판매처, 판매연월일 및 판매량

5. 제조번호별로 품질검사를 철저히 한 후 유통시킬 것. 다만, 제조업자와 제조판매업자가 같은 경우 또는 제6조제2항제2호 각 목의 어느 하나에 해당하는 기관 등에 품질검사를 위탁하여 제조번호별 품질검사 결과가 있는 경우에는 품질검사를 하지 아니할 수 있다.
6. 화장품의 제조를 위탁하거나 제6조제2항제2호나목에 따른 제조업자에게 품질검사를 위탁하는 경우 제조 또는 품질검사가 적절하게 이루어지고 있는지 수탁자에 대한 관리·감독을 철저히 하여야 하며, 제조 및 품질관리에 관한 기록을 받아 유지·관리하고, 그 최종 제품의 품질관리를 철저히 할 것

7. 제5호에도 불구하고 제4조제1항제3호의 제조판매업자는 제조국 제조회사의 품질관리기준이 국가 간 상호 인증되었거나, 제12조제2항에 따라 식품의약품안전처장이 고시하는 우수화장품 제조관리기준과 같은 수준 이상이라고 인정되는 경우에는 국내에서의 품질검사를 하지 아니할 수 있다. 이 경우 제조국 제조회사의 품질검사 시험성적서는 품질관리기록서를 갈음한다.
8. 제7호에 따라 제4조제1항제3호의 제조판매업자가 수입화장품에 대한 품질검사를 하지 아니하려는 경우에는 식품의약품안전처장이 정하는 바에 따라 식품의약품안전처장에게 수입화장품의 제조업자에 대한 현지실사를 신청하여야 한다. 현지실사에 필요한 신청절차, 제출서류 및 평가방법 등에 대하여는 식품의약품안전처장이 정하여 고시한다.
8의2. 제7호에 따른 인정을 받은 수입 화장품 제조회사의 품질관리기준이 제12조제2항에 따른 우수화장품 제조관리기준과 같은 수준 이상이라고 인정되지 아니하여 제7호에 따른 인정이 취소된 경우에는 제5호 본문에 따른 품질검사를 하여야 한다. 이 경우 인정 취소와 관련하여 필요한 세부적인 사항은 식품의약품안전처장이 정하여 고시한다.
9. 제4조제1항제3호에 해당하는 제조판매업자의 경우 「대외무역법」에 따른 수출·수

입요령을 준수하여야 하며, 「전자무역 촉진에 관한 법률」에 따른 전자무역문서로 표준통관예정보고를 할 것

10. 제품과 관련하여 국민보건에 직접 영향을 미칠 수 있는 안전성·유효성에 관한 새로운 자료, 정보사항(화장품 사용에 의한 부작용 발생사례를 포함한다) 등을 알게 되었을 때에는 식품의약품안전처장이 정하여 고시하는 바에 따라 보고하고, 필요한 안전대책을 마련할 것
11. 다음 각 목의 어느 하나에 해당하는 성분을 0.5% 이상 함유하는 제품의 경우에는 해당 품목의 안정성시험 자료를 최종 제조된 제품의 사용기한이 만료되는 날부터 1년간 보존할 것
    가. 레티놀(비타민A) 및 그 유도체
    나. 아스코빅애시드(비타민C) 및 그 유도체
    다. 토코페롤(비타민E)
    라. 과산화화합물
    마. 효소

행정규칙

- 수입화장품 품질검사 면제에 관한 규정
- 화장품 안전성 정보관리 규정

제12조【제조업자의 준수사항 등】 ① 법 제5조 제2항에 따라 화장품 제조업자가 준수하여야 할 사항은 다음 각 호와 같다.

1. 별표 1의 품질관리기준에 따른 제조판매업자의 지도·감독 및 요청에 따를 것

2. 제조관리기준서·제품표준서·제조관리기록서 및 품질관리기록서(전자문서 형식을 포함한다)를 작성·보관할 것
3. 보건위생상 위해(危害)가 없도록 제조소, 시설 및 기구를 위생적으로 관리하고 오염되지 아니하도록 할 것
4. 화장품의 제조에 필요한 시설 및 기구에 대하여 정기적으로 점검하여 작업에 지장이 없도록 관리·유지할 것
5. 작업소에는 위해가 발생할 염려가 있는 물건을 두어서는 아니 되며, 작업소에서 국민보건 및 환경에 유해한 물질이 유출되거나 방출되지 아니하도록 할 것
6. 제2호의 사항 중 품질관리를 위하여 필요한 사항을 제조판매업자에게 제출할 것. 다만, 다음 각 목의 어느 하나에 해당하는 경우 제출하지 아니할 수 있다.
   가. 제조업자와 제조판매업자가 동일한 경우
   나. 제조업자가 제품을 설계·개발·생산하는 방식으로 제조하는 경우로서 품질·안전관리에 영향이 없는 범위에서 제조업자와 제조판매업자 상호 계약에 따라 영업비밀에 해당하는 경우
7. 원료 및 자재의 입고부터 완제품의 출고에 이르기까지 필요한 시험·검사 또는 검정을 할 것
8. 제조 또는 품질검사를 위탁하는 경우 제조 또는 품질검사가 적절하게 이루어지고 있는지 수탁자에 대한 관리·감독을 철저

히 하고, 제조 및 품질관리에 관한 기록을 받아 유지·관리할 것

② 식품의약품안전처장은 제1항에 따른 준수사항 외에 식품의약품안전처장이 정하여 고시하는 우수화장품 제조관리기준을 준수하도록 제조업자에게 권장할 수 있다. <개정 2013.3.23>

③ 식품의약품안전처장은 제2항에 따라 우수화장품 제조관리기준을 준수하는 제조업자에게 다음 각 호의 사항을 지원할 수 있다. <신설 2014.9.24>

1. 우수화장품 제조관리기준 적용에 관한 전문적 기술과 교육
2. 우수화장품 제조관리기준 적용을 위한 자문
3. 우수화장품 제조관리기준 적용을 위한 시설·설비 등 개수·보수

행정규칙

- 우수화장품 제조 및 품질관리기준

제13조【화장품의 생산실적 등 보고】 ① 법 제5조제3항에 따라 제조판매업자는 지난해의 생산·수입 품목 수, 품목별 생산·수입량 및 생산·수입 금액 등 지난해의 생산실적 또는 수입실적과 화장품의 제조과정에 사용된 원료의 목록 등을 식품의약품안전처장이 정하는 바에 따라 매년 2월 말까지 식품의약품안전처장에게 보고하여야 한다. <개정 2013.3.23>

② 제1항에도 불구하고 「전자무역 촉진에 관한 법률」에 따라 전자무역문서로 표준통관예

정보고를 하고 수입하는 제조판매업자는 제1항에 따라 수입실적 및 원료의 목록을 보고하지 아니할 수 있다.

행정규칙

• 화장품의 생산·수입실적 및 원료목록 보고에 관한 규정

제14조【제조판매업자 등의 교육】 ① 법 제5조제4항에 따른 화장품의 안전성 확보 및 품질관리에 관한 교육명령의 대상은 제조판매관리자와 다음 각 호의 어느 하나에 해당하는 제조업자 및 제조판매업자로 한다.

1. 법 제15조를 위반한 제조업자 또는 제조판매업자
2. 법 제19조에 따른 시정명령을 받은 제조업자 또는 제조판매업자
3. 제11조의 준수사항을 위반한 제조판매업자
4. 제12조제1항의 준수사항을 위반한 제조업자

② 식품의약품안전처장은 제1항에 따른 교육명령 대상자가 천재지변, 질병, 임신, 출산, 사고 및 출장 등의 사유로 교육을 받을 수 없는 경우에는 해당 교육을 유예할 수 있다.

③ 제2항에 따라 교육의 유예를 받으려는 사람은 식품의약품안전처장이 정하는 교육유예신청서에 이를 입증하는 서류를 첨부하여 지방식품의약품안전청장에게 제출하여야 한다.

④ 지방식품의약품안전청장은 제3항에 따라 제출된 교육유예신청서를 검토하여 식품의약

품안전처장이 정하는 교육유예확인서를 발급하여야 한다.

⑤ 법 제5조제4항에 따른 교육의 실시기관(이하 이 조에서 "교육실시기관" 이라 한다)은 화장품과 관련된 기관·단체 및 법 제17조에 따라 설립된 단체 중에서 식품의약품안전처장이 지정하여 고시한다.

⑥ 교육실시기관은 매년 교육의 대상, 내용 및 시간을 포함한 교육계획을 수립하여 교육을 시행할 해의 전년도 11월 30일까지 식품의약품안전처장에게 제출하여야 한다.

⑦ 제6항에 따른 교육시간은 4시간 이상, 8시간 이하로 한다.

⑧ 제6항에 따른 교육 내용은 화장품 관련 법령 및 제도에 관한 사항, 화장품의 안전성 확보 및 품질관리에 관한 사항 등으로 하며, 교육 내용에 관한 세부 사항은 식품의약품안전처장의 승인을 받아야 한다.

⑨ 교육실시기관은 교육을 수료한 사람에게 수료증을 발급하고 매년 1월 31일까지 전년도 교육 실적을 식품의약품안전처장에게 보고하며, 교육 실시기간, 교육대상자 명부, 교육 내용 등 교육에 관한 기록을 작성하여 이를 증명할 수 있는 자료와 함께 2년간 보관하여야 한다.

⑩ 교육실시기관은 교재비·실습비 및 강사수당 등 교육에 필요한 실비를 교육대상자로부터 징수할 수 있다.

⑪ 제1항부터 제10항까지에서 규정한 사항

		외에 교육에 필요한 세부 사항은 식품의약품안전처장이 정하여 고시한다. [전문개정 2015.1.6] **행정규칙** 화장품 법령·제도 등 교육실시기관 지정 및 교육에 관한 규정
제5조의2【위해화장품의 회수】 ① 제조업자 또는 제조판매업자는 유통 중인 화장품이 제7조, 제9조, 제15조 또는 제16조제1항에 위반되어 국민보건에 위해(危害)를 끼칠 우려가 있는 경우에는 지체 없이 해당 화장품을 회수하거나 회수하는 데에 필요한 조치를 하여야 한다. ② 제1항에 따라 해당 화장품을 회수하거나 회수하는 데에 필요한 조치를 하려는 제조업자 또는 제조판매업자는 회수계획을 식품의약품안전처장에게 미리 보고하여야 한다. ③ 식품의약품안전처장은 제1항에 따른 회수 또는 회수에 필요한 조치를 성실하게 이행한 제조업자 또는 제조판매업자가 해당 화장품으로 인하여 받게 되는 제24조에 따른 행정처분을 총리령으로 정하는 바에 따라 감경 또는 면제할 수 있다. ④ 제1항 및 제2항에 따른 회수 대상 화장품, 회수계획 보고 및 회수절차 등에 필요한 사항은 총리령으로 정한다. [본조신설 2015.1.28]		**제14조의2【회수 대상 화장품의 기준】** 법 제5조의2제1항에 따른 회수 대상 화장품(이하 "회수대상화장품"이라 한다)은 유통 중인 화장품으로서 다음 각 호의 어느 하나에 해당하는 화장품으로 한다. 1. 법 제7조, 제15조 또는 제16조제1항에 위반되는 화장품으로서 다음 각 목의 어느 하나에 해당하는 화장품 가. 법 제15조제2호 또는 제3호에 해당하는 화장품 나. 법 제15조제4호에 해당하는 화장품 중 보건위생상 위해를 발생할 우려가 있는 화장품 다. 법 제15조제5호에 해당하는 화장품 중 다음의 어느 하나에 해당하는 화장품 1) 법 제8조제1항 또는 제2항에 따른 화장품에 사용할 수 없는 원료를 사용한 화장품 2) 법 제8조제5항에 따른 유통화장품 안전관리 기준(내용량의 기준에 관한 부분은 제외한다)에 적합하지 아니한 화장품 라. 법 제15조제9호에 해당하는 화장품

마. 그 밖에 제조업자 또는 제조판매업자 스스로 국민보건에 위해를 끼칠 우려가 있어 회수가 필요하다고 판단한 화장품

2. 법 제9조에 위반되는 화장품 [본조신설 2015. 7.29]

제14조의3【위해화장품의 회수계획 및 회수절차 등】 ① 법 제5조의2제1항에 따라 화장품을 회수하거나 회수하는 데에 필요한 조치를 하려는 제조업자 또는 제조판매업자(이하 "회수의무자"라 한다)는 해당 화장품에 대하여 즉시 판매중지 등의 필요한 조치를 하여야 하고, 회수대상화장품이라는 사실을 안 날부터 5일 이내에 별지 제10호의2서식의 회수계획서에 다음 각 호의 서류를 첨부하여 지방식품의약품안전청장에게 제출하여야 한다. 다만, 제출기한까지 회수계획서의 제출이 곤란하다고 판단되는 경우에는 지방식품의약품안전청장에게 그 사유를 밝히고 제출기한 연장을 요청하여야 한다.

1. 해당 품목의 제조·수입 기록서 사본
2. 판매처별 판매량·판매일 등의 기록
3. 회수 사유를 적은 서류

② 지방식품의약품안전청장은 제1항에 따라 제출된 회수계획이 미흡하다고 판단되는 경우에는 해당 회수의무자에게 그 회수계획의 보완을 명할 수 있다.

③ 회수의무자는 회수대상화장품의 판매자(법 제11조제1항에 따른 판매자를 말한다), 그 밖

에 해당 화장품을 업무상 취급하는 자에게 방문, 우편, 전화, 전보, 전자우편, 팩스 또는 언론매체를 통한 공고 등을 통하여 회수계획을 통보하여야 하며, 통보 사실을 입증할 수 있는 자료를 회수종료일부터 2년간 보관하여야 한다.

④ 제3항에 따라 회수계획을 통보받은 자는 회수대상화장품을 회수의무자에게 반품하고, 별지 제10호의3서식의 회수확인서를 작성하여 회수의무자에게 송부하여야 한다.

⑤ 회수의무자는 회수한 화장품을 폐기하려는 경우에는 별지 제10호의4서식의 폐기신청서에 다음 각 호의 서류를 첨부하여 지방식품의약품안전청장에게 제출하고, 관계 공무원의 참관 하에 환경 관련 법령에서 정하는 바에 따라 폐기하여야 한다.

1. 별지 제10호의2서식의 회수계획서 사본
2. 별지 제10호의3서식의 회수확인서 사본

⑥ 제5항에 따라 폐기를 한 회수의무자는 별지 제10호의5서식의 폐기확인서를 작성하여 2년간 보관하여야 한다.

⑦ 회수의무자는 회수대상화장품의 회수를 완료한 경우에는 별지 제10호의6서식의 회수종료신고서에 다음 각 호의 서류를 첨부하여 지방식품의약품안전청장에게 제출하여야 한다.

1. 별지 제10호의3서식의 회수확인서 사본
2. 별지 제10호의5서식의 폐기확인서 사본(폐기한 경우에만 해당한다)
3. 별지 제10호의7서식의 평가보고서 사본

⑧ 지방식품의약품안전청장은 제7항에 따라 회수종료신고서를 받으면 다음 각 호에서 정하는 바에 따라 조치하여야 한다.

1. 회수계획서에 따라 회수대상화장품의 회수를 적절하게 이행하였다고 판단되는 경우에는 회수가 종료되었음을 확인하고 회수의무자에게 이를 서면으로 통보할 것
2. 회수가 효과적으로 이루어지지 아니하였다고 판단되는 경우에는 회수의무자에게 회수에 필요한 추가 조치를 명할 것 [본조신설 2015.7.29]

제14조의4【행정처분의 감경 또는 면제】 법 제5조의2제3항에 따라 법 제24조에 따른 행정처분을 감경 또는 면제하는 경우 그 기준은 다음 각 호의 구분에 따른다.

1. 법 제5조의2제2항의 회수계획에 따른 회수계획량(이하 이 조에서 "회수계획량"이라 한다)의 5분의 4 이상을 회수한 경우: 그 위반행위에 대한 행정처분을 면제
2. 회수계획량 중 일부를 회수한 경우: 다음 각 목의 어느 하나에 해당하는 기준에 따라 행정처분을 경감
   가. 회수계획량의 3분의 1 이상을 회수한 경우(제1호의 경우는 제외한다)
      1) 법 제24조제2항에 따른 행정처분의 기준(이하 이 호에서 "행정처분기준"이라 한다)이 등록취소인 경우에는 업무정지 2개월 이상 6개월 이하의 범위에서 처분

		2) 행정처분기준이 업무정지 또는 품목의 제조·수입·판매 업무정지인 경우에는 정지처분기간의 3분의 2 이하의 범위에서 경감 나. 회수계획량의 4분의 1 이상 3분의 1 미만을 회수한 경우 1) 행정처분기준이 등록취소인 경우에는 업무정지 3개월 이상 6개월 이하의 범위에서 처분 2) 행정처분기준이 업무정지 또는 품목의 제조·수입·판매 업무정지인 경우에는 정지처분기간의 2분의 1 이하의 범위에서 경감 [본조신설 2015. 7.29]	
제6조【폐업 등의 신고】 화장품 제조판매업자 또는 제조업자는 다음 각 호의 어느 하나에 해당하는 경우에는 그 사유가 발생한 날부터 20일 이내에 식품의약품안전처장에게 신고하여야 한다. 다만, 휴업기간이 1개월 미만이거나 그 기간 동안 휴업하였다가 그 업을 재개하는 경우에는 그러하지 아니하다. <개정 2013.3.23> 1. 폐업 또는 휴업하는 경우 2. 휴업 후 그 업을 재개하는 경우 3. 그 밖에 총리령으로 정하는 사항이 변경된 경우		**제15조【폐업 등의 신고】** 법 제6조에 따라 화장품의 제조판매업자 또는 제조업자가 폐업 또는 휴업하거나 휴업 후 그 업을 재개하려는 경우에는 그 폐업·휴업·재개한 날부터 20일 이내에 제조판매업등록필증 또는 제조업등록필증(폐업 또는 휴업의 경우만 해당한다)을 첨부하여 별지 제11호서식의 신고서(전자문서로 된 신고서를 포함한다)를 지방식품의약품안전청장에게 제출하여야 한다.	
제7조【멸종위기에 처한 야생 동식물의 국제무역 등】 「멸종위기에 처한 야생동식물종의 국제거래에 관한 협약」에 따른 동식물 가공품		**제16조【멸종위기에 처한 야생 동식물의 수출·수입 등의 허가】** ① 법 제7조에 따라 「멸종위기에 처한 야생동식물종의 국제거래에 관	

이 포함되어 있는 화장품이나 화장품 원료를 수입 또는 국내에 반입하거나 수출하고자 하는 자는 총리령으로 정하는 바에 따라 식품의약품안전처장의 허가를 받아야 한다. <개정 2013.3.23>

한 협약」에 따른 동식물(양식·재배한 경우는 제외하며, 이하 "국제적 멸종위기종"이라 한다)의 가공품이 함유된 화장품 또는 화장품 원료를 수출·수입 또는 반입하기 위하여 허가를 받으려는 자는 수출·수입 또는 반입할 때마다 별지 제12호서식의 신청서(전자문서로 된 신청서를 포함한다)에 다음 각 호의 구분에 따라 해당 서류(전자문서를 포함한다)를 첨부하여 식품의약품안전처장에게 제출하여야 한다. <개정 2013.3.23>

1. 수출하는 경우에는 다음 각 목의 서류
   가. 외국산 국제적 멸종위기종의 가공품이 함유된 화장품 또는 화장품 원료를 재수출하는 경우에는 「멸종위기에 처한 야생동식물종의 국제거래에 관한 협약」에 따라 해당 국제적 멸종위기종의 가공품이 함유된 화장품 또는 화장품 원료를 수출한 국가에서 발행한 수출증명서 사본
   나. 국내산 국제적 멸종위기종의 가공품이 함유된 화장품 또는 화장품 원료를 수출하는 경우에는 그 국제적 멸종위기종의 입수 경위서 및 그 근거서류
2. 수입하는 경우에는 다음 각 목의 서류
   가. 「멸종위기에 처한 야생동식물종의 국제거래에 관한 협약」에 따라 해당 국제적 멸종위기종의 가공품이 함유된 화장품 또는 화장품 원료를 수출한 국가에서 발행한 수출증명서 사본

		나. 물품매도 확약서 또는 수입계약서 사본 3. 반입하는 경우에는 국제적 멸종위기종의 가공품이 함유된 화장품 또는 화장품 원료의 입수 경위서 및 그 근거서류 ② 식품의약품안전처장은 제1항에 따라 제출된 신청 내용을 확인하고 수출·수입 또는 반입을 허가하는 경우에는 별지 제13호서식의 수출·수입·반입 허가증을 발급하여야 한다. <개정 2013.3.23>	
제 3 장 화장품의 취급			
제1절 기준			
제8조【화장품 안전기준 등】 ① 식품의약품안전처장은 화장품의 제조 등에 사용할 수 없는 원료를 지정하여 고시하여야 한다. <개정 2013.3.23> ② 식품의약품안전처장은 살균 보존제, 색소, 자외선차단제 등과 같이 특별히 사용상의 제한이 필요한 원료에 대하여는 그 사용기준을 지정하여 고시하여야 하며, 사용기준이 지정·고시된 원료 외의 살균보존제, 색소, 자외선차단제 등은 사용할 수 없다. <개정 2013.3.23> ③ 식품의약품안전처장은 국내외에서 유해물질이 포함되어 있는 것으로 알려지는 등 국민보건상 위해 우려가 제기되는 화장품 원료 등의 경우에는 총리령으로 정하는 바에 따라 위해요소를 신속히 평가하여 그 위해 여부를 결정하여야 한다. <개정 2013.3.23> ④ 식품의약품안전처장은 제3항에 따라 위해		**제17조【화장품 원료 등의 위해평가】** ① 법 제8조제3항에 따른 위해평가는 다음 각 호의 확인·결정·평가 등의 과정을 거쳐 실시한다. 1. 위해요소의 인체 내 독성을 확인하는 위험성 확인과정 2. 위해요소의 인체노출 허용량을 산출하는 위험성 결정과정 3. 위해요소가 인체에 노출된 양을 산출하는 노출평가과정 4. 제1호부터 제3호까지의 결과를 종합하여 인체에 미치는 위해 영향을 판단하는 위해도 결정과정 ② 식품의약품안전처장은 제1항에 따른 결과를 근거로 식품의약품안전처장이 정하는 기준에 따라 위해 여부를 결정한다. 다만, 해당 화장품 원료 등에 대하여 국내외의 연구·검사기관에서 이미 위해평가를 실시하였거나 위	위해평가 방법 및 절차 등에 관한 규정 화장품의 색소 종류와 기준 및 시험방법 화장품 안전기준 등에 관한 규정

법		시행규칙	관련 규정
평가가 완료된 경우에는 해당 화장품 원료 등을 화장품의 제조에 사용할 수 없는 원료로 지정하거나 그 사용기준을 지정하여야 한다. <개정 2013.3.23> ⑤ 식품의약품안전처장은 그 밖에 유통화장품 안전관리 기준을 정하여 고시할 수 있다. <개정 2013.3.23.> **행정규칙** • 화장품 안전기준 등에 관한 규정 • 화장품의 색소 종류와 기준 및 시험방법		해요소에 대한 과학적 시험·분석 자료가 있는 경우에는 그 자료를 근거로 위해 여부를 결정할 수 있다. <개정 2013.3.23> ③ 제1항 및 제2항에 따른 위해평가의 기준, 방법 등에 관한 세부 사항은 식품의약품안전처장이 정하여 고시한다. <개정 2013.3.23.> **행정규칙** • 위해평가 방법 및 절차 등에 관한 규정	
제9조【안전용기·포장 등】 ① 제조판매업자는 그 제조 또는 수입한 화장품을 판매할 때에는 어린이가 화장품을 잘못 사용하여 화장품에 중독되는 사고가 발생하지 아니하도록 안전용기·포장을 사용하여야 한다. ② 제1항에 따라 안전용기·포장을 사용하여야 할 품목 및 용기·포장의 기준 등에 관하여는 총리령으로 정한다. <개정 2013.3.23>		**제18조【안전용기·포장 대상 품목 및 기준】** ① 법 제9조제1항에 따른 안전용기·포장을 사용하여야 하는 품목은 다음 각 호와 같다. 다만, 일회용 제품, 용기 입구 부분이 펌프 또는 방아쇠로 작동되는 분무용기 제품, 압축 분무용기 제품(에어로졸 제품 등)은 제외한다. 1. 아세톤을 함유하는 네일 에나멜 리무버 및 네일 폴리시 리무버 2. 어린이용 오일 등 개별포장당 탄화수소류를 10퍼센트 이상 함유하고 운동점도가 21센티스톡스(섭씨 40° 기준) 이하인 비에멀젼 타입의 액체상태의 제품 3. 개별포장당 메틸 살리실레이트를 5퍼센트 이상 함유하는 액체상태의 제품 ② 제1항에 따른 안전용기·포장은 성인이 개봉하기는 어렵지 아니하나 만 5세 미만의 어린이가 개봉하기는 어렵게 된 것이어야 한다. 이 경우 개봉하기 어려운 정도의 구체적인 기준	어린이보호포장 대상공산품의 안전기준

		및 시험방법은 산업통상자원부장관이 정하여 고시하는 바에 따른다. <개정 2013.3.23.> **행정규칙** • 어린이보호포장대상공산품의 안전기준	
제2절 표시·광고·취급			
제10조【화장품의 기재사항】 ① 화장품의 1차 포장 또는 2차 포장에는 총리령으로 정하는 바에 따라 다음 각 호의 사항을 기재·표시하여야 한다. 다만, 총리령으로 정하는 포장에는 화장품의 명칭과 제조판매업자의 상호 및 가격만을 기재·표시할 수 있다. <개정 2013.3.23> 1. 화장품의 명칭 2. 제조업자 및 제조판매업자의 상호 및 주소 3. 해당 화장품 제조에 사용된 모든 성분(인체에 무해한 소량 함유 성분 등 총리령으로 정하는 성분은 제외한다) 4. 내용물의 용량 또는 중량 5. 제조번호 6. 사용기한 또는 개봉 후 사용기간(개봉 후 사용기간을 기재할 경우에는 제조연월일을 병행 표기하여야 한다. 이하 제2항제4호에서 같다) 7. 가격 8. 기능성화장품의 경우 "기능성화장품"이라는 글자 9. 사용할 때의 주의사항 10. 그 밖에 총리령으로 정하는 사항 ② 제1항 각 호 외의 부분 본문에도 불구하		**제19조【화장품 포장의 기재·표시 등】** ① 법 제10조제1항 단서에 따라 다음 각 호에 해당하는 1차 포장 또는 2차 포장에는 화장품의 명칭, 제조판매업자의 상호 및 가격만을 기재·표시할 수 있다. 다만, 제2호의 포장의 경우 가격이란 견본품이나 비매품 등의 표시를 말한다. 1. 내용량이 1ml 이하 또는 10g 이하인 화장품의 포장 2. 판매의 목적이 아닌 제품의 선택 등을 위하여 미리 소비자가 시험·사용하도록 제조 또는 수입된 화장품의 포장 ② 법 제10조제1항제3호에 따라 기재·표시를 생략할 수 있는 성분이란 다음 각 호의 성분을 말한다. <개정 2013.3.23> 1. 제조과정 중에 제거되어 최종 제품에는 남아 있지 않은 성분 2. 안정화제, 보존제 등 원료 자체에 들어 있는 부수 성분으로서 그 효과가 나타나게 하는 양보다 적은 양이 들어 있는 성분 3. 내용량이 10ml 초과 50ml 이하 또는 중량이 10g 초과 50g 이하 화장품의 포장인 경우에는 다음 각 목의 성분을 제외한 성분	화장품 바코드 표시 및 관리 요령

고 다음 각 호의 사항은 1차 포장에 표시하여야 한다.
1. 화장품의 명칭
2. 제조업자 및 제조판매업자의 상호
3. 제조번호
4. 사용기한 또는 개봉 후 사용기간

③ 제1항에 따른 기재사항을 화장품의 용기 또는 포장에 표시할 때 제품의 명칭, 제조업자 및 제조판매업자의 상호는 시각장애인을 위한 점자 표시를 병행할 수 있다.

④ 제1항 및 제2항에 따른 표시기준과 표시방법 등은 총리령으로 정한다. <개정 2013.3.23>

가. 타르색소
나. 금박
다. 샴푸와 린스에 들어 있는 인산염의 종류
라. 과일산(AHA)
마. 기능성화장품의 경우 그 효능·효과가 나타나게 하는 원료
바. 식품의약품안전처장이 배합 한도를 고시한 화장품의 원료

③ 법 제10조제1항제9호에 따라 화장품의 포장에 기재·표시하여야 하는 사용할 때의 주의사항은 별표 3과 같다.

④ 법 제10조제1항제10호에 따라 화장품의 포장에 기재·표시하여야 하는 사항은 다음 각 호와 같다. <개정 2013.3.23>
1. 식품의약품안전처장이 정하는 바코드
2. 기능성화장품의 경우 심사받거나 보고한 효능·효과, 용법·용량
3. 성분명을 제품 명칭의 일부로 사용한 경우 그 성분명과 함량(방향용 제품은 제외한다)
4. 인체 세포·조직 배양액이 들어있는 경우 그 함량
5. 화장품에 유기농으로 표시·광고하려는 경우에는 그 원료의 함량
6. 수입화장품인 경우에는 제조국의 명칭(「대외무역법」에 따른 원산지를 표시한 경우에는 제조국의 명칭을 생략할 수 있다), 제조회사명 및 그 소재지

⑤ 제1항 및 제2항제3호에 따라 해당 화장품

		의 제조에 사용된 성분의 기재·표시를 생략하려는 경우에는 다음 각 호의 어느 하나에 해당하는 방법으로 생략된 성분을 확인할 수 있도록 하여야 한다. 1. 소비자가 법 제10조제1항제3호에 따른 모든 성분을 즉시 확인할 수 있도록 포장에 전화번호나 홈페이지 주소를 적을 것 2. 법 제10조제1항제3호에 따른 모든 성분이 적힌 책자 등의 인쇄물을 판매업소에 늘 갖추어 둘 것 ⑥ 법 제10조제4항에 따른 화장품 포장의 표시기준 및 표시방법은 별표 4와 같다. **행정규칙** • 화장품 바코드 표시 및 관리요령	
제11조【화장품의 가격표시】 ① 제10조제1항제7호에 따른 가격은 소비자에게 화장품을 직접 판매하는 자(이하 "판매자"라 한다)가 판매하려는 가격을 표시하여야 한다. ② 제1항에 따른 표시방법과 그 밖에 필요한 사항은 총리령으로 정한다. <개정 2013.3.23>		**제14조의3【위해화장품의 회수계획 및 회수절차 등】** 상위 참고 **제20조【화장품 가격의 표시】** 법 제11조제1항에 따라 해당 화장품을 소비자에게 직접 판매하는 자(이하 "판매자"라 한다)는 그 제품의 포장에 판매하려는 가격을 일반 소비자가 알기 쉽도록 표시하되, 그 세부적인 표시방법은 식품의약품안전처장이 정하여 고시한다. <개정 2013.3.23.> **행정규칙** • 화장품 가격표시제실시요령	화장품 가격표시제실시요령
제12조【기재·표시상의 주의】 제10조 및 제11조에 따른 기재·표시는 다른 문자 또는 문장보다		**제21조【기재·표시상의 주의사항】** 법 제12조에 따른 화장품 포장의 기재·표시 및 화장품	

쉽게 볼 수 있는 곳에 하여야 하며, 총리령으로 정하는 바에 따라 읽기 쉽고 이해하기 쉬운 한글로 정확히 기재·표시하여야 하되, 한자 또는 외국어를 함께 기재할 수 있다. <개정 2013.3.23>		의 가격표시상의 준수사항은 다음 각 호와 같다. 1. 한글로 읽기 쉽도록 기재·표시할 것. 다만, 한자 또는 외국어를 함께 적을 수 있고, 수출용 제품 등의 경우에는 그 수출 대상국의 언어로 적을 수 있다. 2. 화장품의 성분을 표시하는 경우에는 표준화된 일반명을 사용할 것	
제13조【부당한 표시·광고 행위 등의 금지】 ① 제조업자, 제조판매업자 또는 판매자는 다음 각 호의 어느 하나에 해당하는 표시 또는 광고를 하여서는 아니 된다. 1. 의약품으로 잘못 인식할 우려가 있는 표시 또는 광고 2. 기능성화장품의 안전성·유효성에 관한 심사를 받은 범위를 벗어나거나 심사결과와 다른 내용의 표시 또는 광고 3. 기능성화장품 및 유기농화장품이 아닌 화장품을 기능성화장품 및 유기농화장품으로 잘못 인식할 우려가 있는 표시 또는 광고 4. 그 밖에 사실과 다르게 소비자를 속이거나 소비자가 잘못 인식하도록 할 우려가 있는 표시 또는 광고 ② 제1항에 따른 표시·광고의 범위와 그 밖에 필요한 사항은 총리령으로 정한다. <개정 2013.3.23>		**제22조【표시·광고의 범위 등】** 법 제13조제2항에 따른 표시·광고의 범위와 그 밖에 준수하여야 하는 사항은 별표 5와 같다.	
제14조【표시·광고 내용의 실증 등】 ① 제조업자, 제조판매업자 또는 판매자는 자기가 행		**제23조【표시·광고 실증의 대상 등】** ① 법 제14조제1항에 따른 표시·광고 실증의 대상은	

한 표시·광고중 사실과 관련한 사항에 대하여는 이를 실증할 수 있어야 한다.

② 식품의약품안전처장은 제조업자, 제조판매업자 또는 판매자가 행한 표시·광고가 제13조제1항제4호에 해당하여 제1항에 따른 실증이 필요하다고 인정하는 경우에는 그 내용을 구체적으로 명시하여 해당 제조업자, 제조판매업자 또는 판매자에게 관련 자료의 제출을 요청할 수 있다. <개정 2013.3.23>

③ 제2항에 따라 실증자료의 제출을 요청받은 제조업자, 제조판매업자 또는 판매자는 요청받은 날부터 15일 이내에 그 실증자료를 식품의약품안전처장에게 제출하여야 한다. 다만, 식품의약품안전처장은 정당한 사유가 있다고 인정하는 경우에는 그 제출기간을 연장할 수 있다. <개정 2013.3.23>

④ 식품의약품안전처장은 제조업자, 제조판매업자 또는 판매자가 제2항에 따라 실증자료의 제출을 요청받고도 제3항에 따른 제출기간 내에 이를 제출하지 아니한 채 계속하여 표시·광고를 하는 때에는 실증자료를 제출할 때까지 그 표시·광고 행위의 중지를 명하여야 한다. <개정 2013.3.23>

⑤ 제2항 및 제3항에 따라 식품의약품안전처장으로부터 실증자료의 제출을 요청받아 제출한 경우에는 「표시·광고의 공정화에 관한 법률」 등 다른 법률에 따라 다른 기관이 요구하는 자료제출을 거부할 수 있다. <개정 2013.3.23>

⑥ 식품의약품안전처장은 제출받은 실증자료

화장품의 포장 또는 별표 5 제1호에 따른 화장품 광고의 매체 또는 수단에 의한 표시·광고 중 사실과 다르게 소비자를 속이거나 소비자가 잘못 인식하게 할 우려가 있어 식품의약품안전처장이 실증이 필요하다고 인정하는 표시·광고로 한다. <개정 2013.3.23>

② 법 제14조제3항에 따라 제조업자, 제조판매업자 또는 판매자가 제출하여야 하는 실증자료의 범위 및 요건은 다음 각 호와 같다.

1. 시험결과 : 인체 적용시험 자료, 인체 외 시험 자료 또는 같은 수준 이상의 조사자료일 것
2. 조사결과 : 표본설정, 질문사항, 질문방법이 그 조사의 목적이나 통계상의 방법과 일치할 것
3. 실증방법 : 실증에 사용되는 시험 또는 조사의 방법은 학술적으로 널리 알려져 있거나 관련 산업 분야에서 일반적으로 인정된 방법 등으로서 과학적이고 객관적인 방법일 것

화장품 표시·광고 실증에 관한 규정

③ 법 제14조제3항에 따라 제조업자, 제조판매업자 또는 판매자가 실증자료를 제출할 때에는 다음 각 목의 사항을 적고 이를 증명할 수 있는 자료를 첨부하여 식품의약품안전처장에게 제출하여야 한다. <개정 2013.3.23>

가. 실증방법

나. 시험·조사기관의 명칭, 대표자의 성명, 주소 및 전화번호

다. 실증 내용 및 결과

에 대하여 「표시·광고의 공정화에 관한 법률」 등 다른 법률에 따른 다른 기관의 자료요청이 있는 경우에는 특별한 사유가 없는 한 이에 응하여야 한다. <개정 2013.3.23> ⑦ 제1항부터 제4항까지의 규정에 따른 실증의 대상, 실증자료의 범위 및 요건, 제출방법 등에 관하여 필요한 사항은 총리령으로 정한다. <개정 2013.3.23>		라. 실증자료 중 영업상 비밀에 해당되어 공개를 원하지 아니하는 경우에는 그 내용 및 사유 ④ 제1항부터 제3항까지에서 규정한 사항 외에 표시·광고 실증에 필요한 사항은 식품의약품안전처장이 정하여 고시한다. <개정 2013.3.23.> **행정규칙** • 화장품 표시·광고 실증에 관한 규정	
제3절 제조·수입·판매 등의 금지			
제15조【제조판매의 금지】 누구든지 다음 각 호의 어느 하나에 해당하는 화장품을 판매하거나 판매할 목적으로 제조·수입·보관 또는 진열하여서는 아니 된다. 1. 제4조에 따른 심사를 받지 아니하거나 보고서를 제출하지 아니한 기능성화장품 2. 전부 또는 일부가 변패(變敗)된 화장품 3. 병원미생물에 오염된 화장품 4. 이물이 혼입되었거나 부착된 것 5. 제8조제1항 또는 제2항에 따른 화장품에 사용할 수 없는 원료를 사용하였거나 같은 조 제5항에 따른 유통화장품 안전관리 기준에 적합하지 아니한 화장품 6. 코뿔소 뿔 또는 호랑이 뼈와 그 추출물을 사용한 화장품 7. 보건위생상 위해가 발생할 우려가 있는 비위생적인 조건에서 제조되었거나 제3조제3항에 따른 시설기준에 적합하지 아니한 시설에서 제조된 것			

8. 용기나 포장이 불량하여 해당 화장품이 보건위생상 위해를 발생할 우려가 있는 것
9. 제10조제1항제6호에 따른 사용기한 또는 개봉 후 사용기간(병행 표기된 제조연월일을 포함한다)을 위조·변조한 화장품

제15조【제조판매의 금지】 누구든지 다음 각 호의 어느 하나에 해당하는 화장품을 판매(수입대행형 거래를 목적으로 하는 알선·수여를 포함한다)하거나 판매할 목적으로 제조·수입·보관 또는 진열하여서는 아니 된다. <개정 2016.5.29.>

1. 제4조에 따른 심사를 받지 아니하거나 보고서를 제출하지 아니한 기능성화장품
2. 전부 또는 일부가 변패(變敗)된 화장품
3. 병원미생물에 오염된 화장품
4. 이물이 혼입되었거나 부착된 것
5. 제8조제1항 또는 제2항에 따른 화장품에 사용할 수 없는 원료를 사용하였거나 같은 조 제5항에 따른 유통화장품 안전관리 기준에 적합하지 아니한 화장품
6. 코뿔소 뿔 또는 호랑이 뼈와 그 추출물을 사용한 화장품
7. 보건위생상 위해가 발생할 우려가 있는 비위생적인 조건에서 제조되었거나 제3조제3항에 따른 시설기준에 적합하지 아니한 시설에서 제조된 것
8. 용기나 포장이 불량하여 해당 화장품

이 보건위생상 위해를 발생할 우려가 있는 것 9. 제10조제1항제6호에 따른 사용기한 또는 개봉 후 사용기간(병행 표기된 제조연월일을 포함한다)을 위조·변조한 화장품 [시행일 : 2017.5.30.] 제15조			
제15조의2【동물실험을 실시한 화장품 등의 유통판매 금지】 ① 제조판매업자는 「실험동물에 관한 법률」 제2조제1호에 따른 동물실험(이하 이 조에서 "동물실험"이라 한다)을 실시한 화장품 또는 동물실험을 실시한 화장품 원료를 사용하여 제조(위탁제조를 포함한다)또는 수입한 화장품을 유통·판매하여서는 아니 된다. 다만, 다음 각 호의 어느 하나에 해당하는 경우는 그러하지 아니하다. 1. 제8조제2항의 살균 보존제, 색소, 자외선차단제 등 특별히 사용상의 제한이 필요한 원료에 대하여 그 사용기준을 지정하거나 같은 조 제3항에 따라 국민보건상 위해 우려가 제기되는 화장품 원료 등에 대한 위해평가를 하기 위하여 필요한 경우 2. 동물대체시험법(동물을 사용하지 아니하는 실험방법 및 부득이하게 동물을 사용하더라도 그 사용되는 동물의 개체 수를 감소하거나 고통을 경감시킬 수 있는 실험방법으로서 식품의약품안전처장이 인정하는 것			

을 말한다. 이하 이 조에서 같다)이 존재하지 아니하여 동물실험이 필요한 경우

3. 화장품 수출을 위하여 수출 상대국의 법령에 따라 동물실험이 필요한 경우
4. 수입하려는 상대국의 법령에 따라 제품 개발에 동물실험이 필요한 경우
5. 다른 법령에 따라 동물실험을 실시하여 개발된 원료를 화장품의 제조 등에 사용하는 경우
6. 그 밖에 동물실험을 대체할 수 있는 실험을 실시하기 곤란한 경우로서 식품의약품안전처장이 정하는 경우

② 식품의약품안전처장은 동물대체시험법을 개발하기 위하여 노력하여야 하며, 제조판매업자 등이 동물대체시험법을 활용할 수 있도록 필요한 조치를 하여야 한다.

[본조신설 2016.2.3.]

제16조【판매 등의 금지】 ① 누구든지 다음 각 호의 어느 하나에 해당하는 화장품을 판매하거나 판매할 목적으로 보관 또는 진열하여서는 아니 된다. 다만, 제3호의 경우에는 소비자에게 판매하는 화장품에 한한다.

1. 등록한 제조판매업자가 아닌 자가 제조(위탁하여 제조하는 경우를 포함한다)·수입하여 판매한 화장품
2. 제10조부터 제12조까지에 위반되는 화장품 또는 의약품으로 잘못 인식할 우려가 있게 기재·표시된 화장품
3. 판매의 목적이 아닌 제품의 홍보·판매 촉

진 등을 위하여 미리 소비자가 시험·사용하도록 제조 또는 수입된 화장품 4. 화장품의 포장 및 기재·표시 사항을 훼손 또는 위조·변조한 것 ② 누구든지 화장품의 용기에 담은 내용물을 나누어 판매하여서는 아니 된다.			
제16조【판매 등의 금지】 ① 누구든지 다음 각 호의 어느 하나에 해당하는 화장품을 판매하거나 판매할 목적으로 보관 또는 진열하여서는 아니 된다. 다만, 제3호의 경우에는 소비자에게 판매하는 화장품에 한한다. <개정 2016.5.29.> 1. 제3조제1항에 따른 등록을 하지 아니한 자가 제조한 화장품 또는 제조·수입하여 유통·판매한 화장품 2. 제10조부터 제12조까지에 위반되는 화장품 또는 의약품으로 잘못 인식할 우려가 있게 기재·표시된 화장품 3. 판매의 목적이 아닌 제품의 홍보·판매 촉진 등을 위하여 미리 소비자가 시험·사용하도록 제조 또는 수입된 화장품 4. 화장품의 포장 및 기재·표시 사항을 훼손 또는 위조·변조한 것 ② 누구든지 화장품의 용기에 담은 내용물을 나누어 판매하여서는 아니 된다. [시행일 : 2017.5.30.] 제16조			

법	시행령	시행규칙	비고
제4절 화장품업 단체			
제17조【설립】 제조판매업자 또는 제조업자는 자주적인 활동과 공동이익을 보장하고 국민보건향상에 기여하기 위하여 단체를 설립할 수 있다		**제14조【제조판매업자 등의 교육】** 상위 참조 **제26조【화장품 판매 모니터링】** 식품의약품안전처장은 법 제18조제3항에 따라 법 제17조에 따른 단체 또는 관련 업무를 수행하는 기관 등을 지정하여 화장품의 판매, 표시·광고, 품질 등에 대하여 모니터링하게 할 수 있다. <개정 2013.3.23>	화장품 법령·제도 등 교육 실시기관 지정 및 교육에 관한 규정
제 4 장 감 독			
제18조【보고와 검사 등】 ① 식품의약품안전처장은 필요하다고 인정하면 제조판매업자·제조업자·판매자 또는 그 밖에 화장품을 업무상 취급하는 자에 대하여 필요한 보고를 명하거나, 관계 공무원으로 하여금 화장품 제조장소·영업소·창고·판매장소, 그 밖에 화장품을 취급하는 장소에 출입하여 그 시설 또는 관계 장부나 서류, 그 밖의 물건의 검사 또는 관계인에 대한 질문을 할 수 있다. <개정 2013.3.23> ② 식품의약품안전처장은 화장품의 품질 또는 안전기준, 포장 등의 기재·표시 사항 등이 적합한지 여부를 검사하기 위하여 필요한 최소 분량을 수거하여 검사할 수 있다. <개정 2013.3.23> ③ 식품의약품안전처장은 총리령으로 정하는 바에 따라 제품의 판매에 대한 모니터링 제도를 운영할 수 있다. <개정 2013.3.23> ④ 제1항의 경우에 관계 공무원은 그 권한을		**제24조【관계 공무원의 자격 등】** ① 법 제18조제1항에 따른 화장품 검사 등에 관한 업무를 수행하는 공무원(이하 "화장품감시공무원"이라 한다)은 다음 각 호의 어느 하나에 해당하는 사람 중에서 지방식품의약품안전청장이 임명하는 사람으로 한다. 1. 「고등교육법」 제2조에 따른 학교에서 약학 또는 화장품 관련 분야의 학사학위 이상을 취득한 사람(법령에서 이와 같은 수준 이상의 학력이 있다고 인정한 사람을 포함한다) 2. 화장품에 관한 지식 및 경력이 풍부하다고 지방식품의약품안전청장이 인정하거나 특별시장·광역시장·도지사·특별자치도지사 또는 시장·군수·구청장(자치구의 구청장을 말한다)이 추천한 사람 ② 법 제18조제4항에 따른 화장품감시공무원의 신분을 증명하는 증표는 별지 제14호서식에 따른다.	

표시하는 증표를 관계인에게 내보여야 한다. ⑤ 제1항 및 제2항의 관계 공무원의 자격과 그 밖에 필요한 사항은 총리령으로 정한다. <개정 2013.3.23>		**제25조【수거 등】** 법 제18조제2항에 따라 화장품감시공무원이 물품 또는 화장품을 수거하는 경우에는 별지 제15호서식의 수거증을 피수거인에게 발급하여야 한다. **제26조【화장품 판매 모니터링】** 상위 참조	
제19조【시정명령】 식품의약품안전처장은 이 법을 지키지 아니하는 자에 대하여 필요하다고 인정하면 그 시정을 명할 수 있다. <개정 2013.3.23>			
제20조【검사명령】 식품의약품안전처장은 제조판매업자 또는 제조업자에 대하여 필요하다고 인정하면 취급한 화장품에 대하여 「식품·의약품분야 시험·검사 등에 관한 법률」 제6조제2항제5호에 따른 화장품 시험·검사기관의 검사를 받을 것을 명할 수 있다. <개정 2013.3.23, 2013.7.30>			
제21조 삭제 <2013.7.30>			
제22조【개수명령】 식품의약품안전처장은 제조업자가 갖추고 있는 시설이 제3조제3항에 따른 시설기준에 적합하지 아니하거나 노후 또는 오손되어 있어 그 시설로 화장품을 제조하면 화장품의 안전과 품질에 문제의 우려가 있다고 인정되는 경우에는 제조업자에게 그 시설의 개수를 명하거나 그 개수가 끝날 때까지 해당 시설의 전부 또는 일부의 사용금지를 명할 수 있다. <개정 2013.3.23>			
제23조【회수·폐기명령 등】 ① 식품의약품안전		**제27조【회수·폐기명령 등】** 법 제23조제1항에	

처장은 제조판매업자·제조업자·판매자 또는 그 밖에 화장품을 업무상 취급하는 자에게 제7조, 제9조, 제15조 또는 제16조제1항을 위반하여 판매·보관·진열·제조 또는 수입한 화장품이나 그 원료·재료 등(이하 "물품"이라 한다)이 국민보건에 위해를 끼칠 우려가 있는 경우에는 해당 물품의 회수·폐기 등의 조치를 명하여야 한다. 회수명령을 받은 제조판매업자·제조업자·판매자 또는 그 밖에 화장품을 업무상 취급하는 자는 미리 식품의약품안전처장에게 회수계획을 보고하여야 한다. <개정 2013.3.23, 2015.1.28> ② 식품의약품안전처장은 다음 각 호의 어느 하나에 해당하는 경우에는 관계 공무원으로 하여금 해당 물품을 폐기하게 하거나 그 밖에 필요한 처분을 하게 할 수 있다. <개정 2013.3.23> 1. 제1항에 따른 명령을 받은 자가 그 명령을 이행하지 아니한 경우 2. 그 밖에 국민보건을 위하여 긴급한 조치가 필요한 경우 ③ 제1항에 따른 물품의 회수·폐기의 절차·계획 및 사후조치 등에 필요한 사항은 총리령으로 정한다. <신설 2015.1.28> [제목개정 2015.1.28]		따른 물품 회수·폐기의 절차·계획 및 사후 조치 등에 관하여는 제14조의3을 준용한다. [본조신설 2015.7.29]	
제23조의2【위해화장품의 공표】 ① 식품의약품안전처장은 다음 각 호의 어느 하나에 해당하는 경우에는 해당 영업자에 대하여 그 사실의 공표를 명할 수 있다. 1. 제7조, 제9조, 제15조 또는 제16조제1항에		**제28조【위해화장품의 공표】** ① 법 제23조의2 제1항에 따라 공표명령을 받은 영업자는 지체 없이 위해 발생 사실 또는 다음 각 호의 사항을 「신문 등의 진흥에 관한 법률」 제9조 제1항에 따라 등록한 전국을 보급지역으로	

위반된 화장품으로 인하여 국민보건에 위해를 끼칠 우려가 있다고 인정되는 때 2. 제5조의2제2항에 따른 회수계획을 보고받은 때 ② 제1항에 따른 공표의 방법·절차 등에 필요한 사항은 총리령으로 정한다. [본조신설 2015.1.28]		하는 1개 이상의 일반일간신문[당일 인쇄·보급되는 해당 신문의 전체 판(版)을 말한다] 및 해당 영업자의 인터넷 홈페이지에 게재하고, 식품의약품안전처의 인터넷 홈페이지에 게재를 요청하여야 한다. 1. 화장품을 회수한다는 내용의 표제 2. 제품명 3. 회수대상 화장품의 제조번호 4. 사용기한 또는 개봉 후 사용기간(병행 표기된 제조연월일을 포함한다) 5. 회수 사유 6. 회수 방법 7. 회수하는 영업자의 명칭 8. 회수하는 영업자의 전화번호, 주소, 그 밖에 회수에 필요한 사항 ② 제1항 각 호의 사항에 대한 구체적인 작성방법은 별표 6과 같다. ③ 제1항에 따라 공표를 한 영업자는 다음 각 호의 사항이 포함된 공표 결과를 지체 없이 지방식품의약품안전청장에게 통보하여야 한다. 1. 공표일 2. 공표매체 3. 공표횟수 4. 공표문 사본 또는 내용 [본조신설 2015.7.29]	
제24조【등록의 취소 및 품목 제조 정지 등】 ① 제조판매업자 또는 제조업자가 다음 각 호의 어느 하나에 해당하는 경우에는 식품의약품		**제14조의4【행정처분의 감경 또는 면제】** 상위 참조 **제29조【행정처분기준】** ① 법 제24조제1항에 따	

안전처장은 등록을 취소하거나, 품목의 제조·수입 및 판매의 금지를 명하거나 1년의 범위에서 기간을 정하여 그 업무의 전부 또는 일부에 대한 정지를 명할 수 있다. 다만, 제1호 또는 제14호에 해당하는 경우에는 등록을 취소하여야 한다. <개정 2013.3.23, 2015.1.28, 2016.5.29>

1. 제3조제2항 각 호의 어느 하나에 해당하는 경우
2. 제3조제3항에 따른 시설을 갖추지 아니한 경우
3. 국민보건에 위해를 끼쳤거나 끼칠 우려가 있는 화장품을 제조·수입한 경우
4. 제3조 또는 제6조에 따른 화장품 제조판매업 및 제조업의 등록, 변경 사항의 등록 및 폐업 등의 신고를 하지 아니한 경우
5. 제4조를 위반하여 심사를 받지 아니하거나 보고서를 제출하지 아니한 기능성화장품을 제조 또는 수입하여 판매한 경우
6. 제5조를 위반하여 제조판매업자 또는 제조업자의 준수사항을 이행하지 아니한 경우
7. 제7조를 위반하여 「멸종위기에 처한 야생동식물종의 국제거래에 관한 협약」에 따른 동식물 가공품이 함유된 화장품을 수입 또는 국내에 반입하였을 경우
8. 제9조에 따른 화장품의 안전용기·포장에 관한 기준을 위반한 경우
9. 제10조부터 제12조까지의 규정을 위반하여 화장품의 용기 또는 포장 및 첨부문서에

른 행정처분의 기준은 별표 7과 같다.

② 삭제 <2014.8.20>

기재·표시한 경우
10. 제13조를 위반하여 화장품을 표시·광고하거나 제14조제4항에 따른 중지명령을 위반하여 화장품을 표시·광고 행위를 한 경우
11. 제15조를 위반하여 판매하거나 판매의 목적으로 제조·수입·보관 또는 진열한 경우
12. 제18조제1항·제2항에 따른 검사·질문·수거 등을 거부하거나 방해한 경우
13. 제19조·제20조·제22조·제23조제1항 전단 또는 제23조의2에 따른 시정명령·검사명령·개수명령·회수명령·폐기명령 또는 공표명령 등을 이행하지 아니한 경우
13의2. 제23조제1항 후단에 따른 회수계획을 보고하지 아니하거나 거짓으로 보고한 경우
14. 업무정지기간 중에 업무를 한 경우

제24조【등록의 취소 및 품목 제조 정지 등】
① 제조판매업자 또는 제조업자가 다음 각 호의 어느 하나에 해당하는 경우에는 식품의약품안전처장은 등록을 취소하거나, 품목의 제조·수입 및 판매(수입대행형 거래를 목적으로 하는 알선·수여를 포함한다)의 금지를 명하거나 1년의 범위에서 기간을 정하여 그 업무의 전부 또는 일부에 대한 정지를 명할 수 있다. 다만, 제1호 또는 제14호에 해당하는 경우에는 등록을 취소하여야 한다. <개정 2013.3.23., 2015.1.28., 2016.5.29.>

1. 제3조제2항 각 호의 어느 하나에 해당하는 경우
2. 제3조제3항에 따른 시설을 갖추지 아니한 경우
3. 국민보건에 위해를 끼쳤거나 끼칠 우려가 있는 화장품을 제조·수입한 경우
4. 제3조 또는 제6조에 따른 화장품 제조판매업 및 제조업의 등록, 변경 사항의 등록 및 폐업 등의 신고를 하지 아니한 경우
5. 제4조를 위반하여 심사를 받지 아니하거나 보고서를 제출하지 아니한 기능성화장품을 제조 또는 수입하여 판매한 경우
6. 제5조를 위반하여 제조판매업자 또는 제조업자의 준수사항을 이행하지 아니한 경우
7. 제7조를 위반하여 「멸종위기에 처한 야생동식물종의 국제거래에 관한 협약」에 따른 동식물 가공품이 함유된 화장품을 수입 또는 국내에 반입하였을 경우
8. 제9조에 따른 화장품의 안전용기·포장에 관한 기준을 위반한 경우
9. 제10조부터 제12조까지의 규정을 위반하여 화장품의 용기 또는 포장 및 첨부문서에 기재·표시한 경우
10. 제13조를 위반하여 화장품을 표시·광고하거나 제14조제4항에 따른 중

중지명령을 위반하여 화장품을 표시·광고 행위를 한 경우 11. 제15조를 위반하여 판매하거나 판매의 목적으로 제조·수입·보관 또는 진열한 경우 12. 제18조제1항·제2항에 따른 검사·질문·수거 등을 거부하거나 방해한 경우 13. 제19조·제20조·제22조·제23조제1항 전단 또는 제23조의2에 따른 시정명령·검사명령·개수명령·회수명령·폐기명령 또는 공표명령 등을 이행하지 아니한 경우 13의2. 제23조제1항 후단에 따른 회수계획을 보고하지 아니하거나 거짓으로 보고한 경우 14. 업무정지기간 중에 업무를 한 경우 ② 제1항에 따른 행정처분의 기준은 총리령으로 정한다. <개정 2013.3.23.> [시행일 : 2017.5.30.] 제24조제1항 본문			
제25조 삭제 <2013.7.30>			
제26조【제조업자 등의 지위 승계】 화장품의 제조판매업자 또는 제조업자가 사망하거나 그 영업을 양도한 경우 또는 법인인 제조판매업자 또는 제조업자가 합병한 경우에는 그 상속인, 영업을 양수한 자 또는 합병 후 존속하는 법인이나 합병에 따라 설립되는 법인이 그 제조업자 등의 의무 및 지위를 승계한다.			

제27조【청문】 식품의약품안전처장은 제24조에 따라 등록의 취소, 품목의 제조·수입 및 판매의 금지 또는 업무의 전부에 대한 정지를 명하고자 하는 경우에는 청문을 하여야 한다. <개정 2013.3.23.> **제27조【청문】** 식품의약품안전처장은 제24조에 따라 등록의 취소, 품목의 제조·수입 및 판매(수입대행형 거래를 목적으로 하는 알선·수여를 포함한다)의 금지 또는 업무의 전부에 대한 정지를 명하고자 하는 경우에는 청문을 하여야 한다. <개정 2013.3.23., 2016.5.29.> [시행일 : 2017.5.30.]			
제28조【과징금처분】 ① 식품의약품안전처장은 제24조에 따라 제조판매업자 또는 제조업자에게 업무정지처분을 하여야 할 경우에는 그 업무정지처분을 갈음하여 5천만 원 이하의 과징금을 부과할 수 있다. <개정 2013.3.23> ② 제1항에 따른 과징금을 부과하는 위반행위의 종류와 위반정도 등에 따른 과징금의 금액과 그 밖에 필요한 사항은 대통령령으로 정한다. ③ 식품의약품안전처장은 제1항에 따른 과징금을 내야 할 자가 납부기한까지 과징금을 내지 아니하면 대통령령으로 정하는 바에 따라 제1항에 따른 과징금부과처분을 취소하고 제24조제1항에 따른 업무정지처분을 하거나	**제11조【과징금의 산정기준】** 「화장품법」(이하 "법"이라 한다) 제28조제2항에 따른 과징금의 금액은 위반행위의 종류·정도 등을 고려하여 총리령으로 정하는 업무정지처분기준에 따라 별표 1의 기준을 적용하여 산정하되, 과징금의 총액은 5천만 원을 초과하여서는 아니 된다. <개정 2008.2.29, 2010.3.15, 2012.2.3, 2013.3.23> **제12조【과징금의 부과·징수절차】** ① 법 제28조에 따		식품의약품안전처 과징금 부과처분 기준 등에 관한 규정

국세 체납처분의 예에 따라 이를 징수한다. 다만, 제6조에 따른 폐업 등으로 제24조제1항에 따른 업무정지처분을 할 수 없을 때에는 국세 체납처분의 예에 따라 이를 징수한다. <개정 2013.3.23.>

행정규칙

- 식품의약품안전처 과징금 부과처분 기준 등에 관한 규정

라 식품의약품안전처장이 과징금을 부과하려면 그 위반행위의 종류와 과징금의 금액 등을 적은 서면으로 통지하여야 한다. <개정 2012.2.3, 2013.3.23>

② 과징금의 징수절차는 총리령으로 정한다. <개정 2008.2.29, 2010.3.15, 2013.3.23>

제12조의2【과징금 미납자에 대한 처분】 ① 식품의약품안전처장은 법 제28조제3항 본문에 따라 과징금을 내야 할 자가 납부기한까지 내지 아니하면 납부기한이 지난 후 15일 이내에 독촉장을 발부하여야 한다. 이 경우 납부기한은 독촉장을 발부하는 날부터 10일 이내로 하여야 한다. <개정 2012.2.3, 2013.3.23>

② 식품의약품안전처장은 제1항에 따라 과징금을 내지 아니한 자가 독촉장을 받고도 납부기한까지 과징금을 내지 아니하면 과징금부과처분을 취소하고 업무정지처분을 하여야 한다.

	다만, 법 제28조제3항 단서에 해당하는 경우에는 국세 체납처분의 예에 따라 징수하여야 한다. <개정 2014.11.4> ③ 제2항 본문에 따라 과징금 부과처분을 취소하고 업무정지처분을 하려면 처분대상자에게 서면으로 그 내용을 통지하되, 서면에는 처분이 변경된 사유와 업무정지처분의 기간 등 업무정지처분에 필요한 사항을 적어야 한다. <개정 2012.2.3, 2014.11.4>	
제28조의2【위반사실의 공표】 ① 식품의약품안전처장은 제22조, 제23조, 제23조의2, 제24조 또는 제28조에 따라 행정처분이 확정된 자에 대한 처분 사유, 처분 내용, 처분 대상자의 명칭·주소 및 대표자 성명, 해당 품목의 명칭 등 처분과 관련한 사항으로서 대통령령으로 정하는 사항을 공표할 수 있다. ② 제1항에 따른 공표방법 등 공표에 필요한 사항은 대통령령으로 정한다. [본조신설 2015.1.28]	**제13조【위반사실의 공표】** ① 법 제28조의2제1항에서 "대통령령으로 정하는 사항"이란 다음 각 호의 사항을 말한다. 1. 처분 사유 2. 처분 내용 3. 처분 대상자의 명칭·주소 및 대표자 성명 4. 해당 품목의 명칭 및 제조번호 ② 법 제28조의2제1항에 따른 공표는 식품의약품안전처의 인터넷 홈페이지에	

	게재하는 방법으로 한다. [본조신설 2015.7.24]		
제29조【자발적 관리의 지원】 식품의약품안전처장은 화장품 제조판매업자 또는 제조업자가 스스로 표시·광고, 품질관리 등의 준수사항을 위하여 노력하는 자발적 관리체계가 정착·확산될 수 있도록 행정적·재정적 지원을 할 수 있다. <개정 2013.3.23>			
제30조【수출용 제품의 예외】 국내에서 판매되지 아니하고 수출만을 목적으로 하는 제품은 제4조, 제8조부터 제12조까지, 제14조, 제15조제1호·제5호, 제16조제1항제2호·제3호 및 같은 조 제2항을 적용하지 아니하고 수입국의 규정에 따를 수 있다. <개정 2016.5.29>			
제 5 장 보 칙			
제31조【등록필증 등의 재교부】 제조판매업자 또는 제조업자가 등록필증 또는 기능성화장품심사결과통지서 등을 잃어버리거나 못쓰게 될 때는 총리령으로 정하는 바에 따라 이를 다시 교부받을 수 있다. <개정 2013.3.23>		**제31조【등록필증 등의 재발급 등】** ① 법 제31조에 따라 제조판매업등록필증·제조업등록필증 또는 기능성화장품심사결과통지서(이하 "등록필증등"이라 한다)를 재발급받으려는 자는 별지 제18호서식 또는 별지 제19호서식의 재발급 신청서(전자문서로 된 신청서를 포함한다)에 다음 각 호의 서류(전자문서를 포함한다)를 첨부하여 각각 지방식품의약품안전청장 또는 식품의약품안전평가원장에게 제출하여야 한다. <개정 2013.3.23> 1. 등록필증등이 헐어 사용할 수 없게 된 경우에는 그 등록필증등 2. 등록필증등을 잃어버린 경우에는 그 사유서	

		② 등록필증등을 재발급 받은 후 잃어버린 등록필증등을 찾았을 때에는 지체 없이 이를 해당 발급기관의 장에게 반납하여야 한다. ③ 법 제3조에 따른 제조업자 또는 제조판매업자의 등록 등의 확인 또는 증명을 받으려는 자는 확인신청서 또는 증명신청서(각각 전자문서로 된 신청서를 포함하며, 외국어의 경우에는 번역문을 포함한다)를 식품의약품안전처장 또는 지방식품의약품안전청장에게 제출하여야 한다. <개정 2013.3.23>	
제32조【수수료】 이 법에 따른 등록을 하거나 심사를 받고자 하는 자는 총리령으로 정하는 바에 따라 수수료를 납부하여야 한다. 등록 또는 심사받은 사항을 변경하고자 하는 경우에도 또한 같다. <개정 2013.3.23>		**제32조【수수료】** 법 제32조에 따라 제조업자 또는 제조판매업자는 등록 또는 변경등록을 신청하거나 기능성화장품의 심사 또는 변경심사를 신청하는 경우에는 별표 9에 따른 수수료를 현금, 현금의 납입을 증명하는 증표 또는 정보통신망을 이용한 전자화폐나 전자결제 등의 방법으로 내야 한다.	
제33조【화장품산업의 지원】 보건복지부장관과 식품의약품안전처장은 화장품산업의 진흥을 위한 기반조성 및 경쟁력 강화에 필요한 시책을 수립·시행하여야 하며 이를 위한 재원을 마련하고 기술개발, 조사·연구 사업, 국제협력체계의 구축 등에 필요한 지원을 하여야 한다. <개정 2013.3.23>			
제34조【권한의 위임·위탁】 ① 이 법에 따른 식품의약품안전처장의 권한은 그 일부를 대통령령으로 정하는 바에 따라 지방식품의약품안전청장이나 특별시장·광역시장·도지사 또는	**제14조【권한의 위임】** 법 제34조제1항에 따라 식품의약품안전처장은 다음 각 호의 권한을 지방식품의약품		

특별자치도지사에게 위임할 수 있다. <개정 2013.3.23>

② 식품의약품안전처장은 이 법에 따른 화장품에 관한 업무의 일부를 대통령령으로 정하는 바에 따라 제17조에 따른 단체에 위탁할 수 있다. <개정 2013.3.23>

안전청장에게 위임한다. <개정 2012.2.3, 2013.3.23, 2014.11.4, 2015.7.24>

1. 법 제3조에 따른 제조업 또는 제조판매업의 등록 및 변경등록

1의2. 법 제5조제4항에 따른 교육명령

1의3. 법 제5조의2제2항에 따른 회수계획 보고의 접수 및 같은 조 제3항에 따른 행정처분의 감경·면제

2. 법 제6조에 따른 제조업자 또는 제조판매업자의 폐업, 휴업 등 신고의 수리

3. 법 제18조에 따른 보고명령·출입·검사·질문 및 수거

3의2. 법 제19조에 따른 시정명령(법 제3조제1항 후단을 위반하여 변경등록을 하지 아니한 경우, 법 제5조제4항에 따른 교육명령을 위반한 경우 및 제6조에 따른 휴업신고를 하지 아니한 경우만 해당한다)

	4. 법 제20조에 따른 검사명령 5. 법 제22조에 따른 개수명령 및 시설의 전부 또는 일부의 사용금지명령 6. 법 제23조에 따른 회수·폐기 등의 명령, 회수계획 보고의 접수와 폐기 또는 그 밖에 필요한 처분 6의2. 법 제23조의2에 따른 공표명령 7. 법 제24조에 따른 등록의 취소, 품목의 제조·수입 및 판매의 금지명령, 업무의 전부 또는 일부에 대한 정지명령 8. 법 제27조에 따른 청문 9. 법 제28조에 따른 과징금의 부과·징수 9의2. 법 제28조의2에 따른 공표 10. 법 제31조에 따른 등록필증의 재교부 11. 법 제40조에 따른 과태료의 부과·징수(법 제4조제1항 후단을 위반하여 변경심사를 받지 아니한 경우 및 법	

	제5조제3항을 위반하여 화장품의 생산·수입실적 또는 화장품 원료의 목록 등을 보고하지 아니한 경우는 제외한다) [본조신설 2007.7.3]		
제 6 장 벌 칙			
제35조【벌칙】 ① 제7조를 위반한 자는 5년 이하의 징역 또는 5천만 원 이하의 벌금에 처한다. <개정 2014.3.18> ② 제1항의 징역형과 벌금형은 이를 함께 부과할 수 있다.			
제36조【벌칙】 ① 다음 각 호의 어느 하나에 해당하는 자는 3년 이하의 징역 또는 3천만 원 이하의 벌금에 처한다. <개정 2014.3.18> 1. 제3조제1항 전단을 위반한 자 2. 제4조제1항 전단을 위반한 자 3. 제15조를 위반한 자 4. 제16조제1항제1호 또는 제4호를 위반한 자 ② 제1항의 징역형과 벌금형은 이를 함께 부과할 수 있다.			
제37조【벌칙】 ① 제9조, 제13조, 제16조제1항제2호·제3호 또는 같은 조 제2항을 위반하거나, 제14조제4항에 따른 중지명령에 따르지 아니한 자는 1년 이하의 징역 또는 1천만 원 이하의 벌금에 처한다. <개정 2013.7.30, 2014.3.18> ② 제1항의 징역형과 벌금형은 이를 함께 부과할 수 있다.			

<table>
<tr><td>제38조【벌칙】 다음 각 호의 어느 하나에 해당하는 자는 200만 원 이하의 벌금에 처한다.
1. 제5조제1항·제2항을 위반한 자
2. 제10조제1항·제2항 및 제11조를 위반한 자
3. 제18조부터 제20조까지, 제22조 및 제23조에 따른 명령을 위반하거나 관계 공무원의 검사·수거 또는 처분을 거부·방해하거나 기피한 자</td><td></td><td></td><td></td></tr>
<tr><td>제39조【양벌규정】 법인의 대표자나 법인 또는 개인의 대리인, 사용인, 그 밖의 종업원이 그 법인 또는 개인의 업무에 관하여 제35조부터 제38조까지의 어느 하나에 해당하는 위반행위를 하면 그 행위자를 벌하는 외에 그 법인 또는 개인에게도 해당 조문의 벌금형을 과(科)한다. 다만, 법인 또는 개인이 그 위반행위를 방지하기 위하여 해당 업무에 관하여 상당한 주의와 감독을 게을리하지 아니한 경우에는 그러하지 아니하다.</td><td></td><td></td><td></td></tr>
<tr><td>제40조【과태료】 ① 다음 각 호의 어느 하나에 해당하는 자에게는 100만 원 이하의 과태료를 부과한다.
1. 제3조제1항 후단을 위반하여 변경등록을 하지 아니한 자
2. 제4조제1항 후단을 위반하여 변경심사를 받지 아니한 자
3. 제5조제3항을 위반하여 화장품의 생산실적 또는 수입실적 또는 화장품 원료의 목록 등을 보고하지 아니한 자</td><td>제16조【과태료의 부과기준】 법 제40조에 따른 과태료의 부과기준은 별표 2와 같다.
[전문개정 2012.2.3]
[제13조에서 이동 <2012.2.3>]</td><td></td><td></td></tr>
</table>

4. 제5조제4항에 따른 명령을 위반한 자 5. 제6조를 위반하여 폐업 등의 신고를 하지 아니한 자 6. 제18조에 따른 명령을 위반하여 보고를 하지 아니한 자 ② 제1항에 따른 과태료는 대통령령으로 정하는 바에 따라 식품의약품안전처장이 부과·징수한다. <개정 2013.3.23>			

위임행정규칙

1. 유기농화장품의 기준에 관한 규정

[시행 2015.6.25.] [식품의약품안전청고시 제2014-200호, 2014.12.24., 제정]
식품의약품안전처, 043-719-3408

제1장 총 칙

제1조【목적】 이 고시는「화장품법」제2조제3호에 따라 유기농화장품의 기준을 정함으로써 화장품 업계·소비자 등에게 정확한 정보를 제공하고 관련 산업을 지원하는 것을 목적으로 한다.

제2조【용어의 정의】 이 고시에서 사용하는 용어의 정의는 다음과 같다.

1. "유기농 원료"란 다음 각 목의 어느 하나에 해당하는 화장품 원료를 말한다.
   가. 「친환경농어업 육성 및 유기식품 등의 관리·지원에 관한 법률」에 따른 유기농수산물 또는 이를 이 고시에서 허용하는 물리적 공정에 따라 가공한 것
   나. 외국 정부(미국, 유럽연합, 일본 등)에서 정한 기준에 따른 인증기관으로부터 유기농수산물로 인정받거나 이를 이 고시에서 허용하는 물리적 공정에 따라 가공한 것
   다. 국제유기농업운동연맹(IFOAM)에 등록된 인증기관으로부터 유기농 원료로 인증받거나 이를 이 고시에서 허용하는 물리적 공정에 따라 가공한 것
2. "식물 원료"란 식물(해조류와 같은 해양식물, 버섯과 같은 균사체를 포함한다) 그 자체로서 가공하지 않거나, 이 식물을 가지고 이 고시에서 허용하는 물리적 공정에 따라 가공한 화장품 원료를 말한다.
3. "동물에서 생산된 원료(동물성 원료)"란 동물 그 자체(세포, 조직, 장기)는 제외하고, 동물로부터 자연적으로 생산되는 것으로서 가공하지 않거나, 이 동물로부터 자연적으로 생산되는 것을 가지고 이 고시에서 허용하는 물리적 공정에 따라 가공한 계란, 우유, 우유단백질 등의 화장품 원료를 말한다.
4. "미네랄 원료"란 지질학적 작용에 의해 자연적으로 생성된 물질을 가지고 이 고시에

서 허용하는 물리적 공정에 따라 가공한 화장품 원료를 말한다. 다만, 화석연료로부터 기원한 물질은 제외한다.

5. "식물유래, 동물성유래 원료"란 제2호 또는 제3호의 원료를 가지고 이 고시에서 허용하는 화학적 공정 또는 생물학적 공정에 따라 가공한 원료를 말한다.
6. "미네랄유래 원료"란 제4호의 원료를 가지고 이 고시에서 허용하는 화학적 공정 또는 생물학적 공정에 따라 가공한 별표 1의 원료를 말한다.

제 2 장 유기농화장품의 기준

제3조【사용할 수 있는 원료】 ① 유기농화장품의 제조에 사용할 수 있는 원료는 다음 각 호와 같다. 다만, 제조에 사용하는 원료는 별표 4의 오염물질에 의해 오염되어서는 아니 된다.

1. 유기농 원료
2. 식물 원료 및 식물유래 원료
3. 동물에서 생산된 원료 및 동물성유래 원료
4. 미네랄 원료 및 미네랄유래 원료
5. 물

② 합성원료는 유기농화장품의 제조에 사용할 수 없다. 다만, 유기농화장품의 품질 및 안전을 위해 필요하나 따로 자연에서 대체하기 곤란한 별표 2의 합성원료에 한하여 제1항에도 불구하고 5% 이내에서 사용할 수 있다.

제4조【제조공정】 ① 원료의 제조공정은 간단하고 오염을 일으키지 않으며, 원료 고유의 품질이 유지될 수 있어야 한다. 허용되는 공정 또는 금지되는 공정은 별표 3과 같다.

② 유기농화장품의 제조에 대한 금지되는 공정은 다음 각 호와 같다.

1. 별표 3의 금지되는 공정
2. 유전자재조합 원료 배합
3. 니트로스아민류 배합 및 생성
4. 일면 또는 다면의 외형 또는 내부구조를 가지도록 의도적으로 만들어진 불용성이거나 생체지속성인 1 ~ 100나노미터 크기의 물질 배합
5. 공기, 산소, 질소, 이산화탄소, 아르곤 가스 외의 분사제 사용

제5조【작업장 및 제조설비】 ① 유기농화장품을 제조하는 작업장 및 제조설비는 교차오염이 발생하지 않도록 충분히 청소 및 세척되어야 한다.

② 작업장과 제조설비의 세척제는 별표 5에 적합하여야 한다.

제6조【포장】 유기농화장품의 용기와 포장에 폴리염화비닐(Polyvinyl chloride (PVC)), 폴리스티렌폼(Polystyrene foam)을 사용할 수 없다.

제7조【보관】 ① 유기농화장품을 제조하기 위한 유기농 원료는 다른 원료와 명확히 표시 및 구분하여 보관하여야 한다.

② 표시 및 포장 전 상태의 유기농화장품은 다른 화장품과 구분하여 보관하여야 한다.

제8조【유기농화장품의 원료조성】 ① 유기농화장품은 전체 구성원료 중 10% 이상이 유기농 원료로 구성되어야 한다.

② 제1항의 원료조성 비율은 전체 구성원료에서 해당 원료의 중량 비율로 계산하며, 계산방법은 다음 각 호와 같다.

1. 부피는 중량으로 환산하여 계산한다.
2. 농축, 희석 등 가공한 원료는 가공 이전 상태로 환산한 중량으로 계산한다.
3. 원료에 유기농 원료가 혼합되어 있을 경우 원료에서 유기농 원료의 비율만큼 유기농 원료의 함량으로 인정하여 계산한다.
4. 건조한 유기농수산물을 추출한 원료의 경우 건조한 유기농수산물의 함량이 5% 이상이면 그 추출물에 대하여 100% 유기농 원료의 함량으로 계산하며, 함량이 5% 미만이면 그 추출물에 대하여 함량에 비례하여 계산한다. 다만, 건조하지 않은 유기농수산물을 사용하는 경우 그 사용량에 1/4을 곱한 값을 건조한 유기농수산물의 함량으로 한다.

제9조【자료의 보존】 화장품의 제조판매업자는 유기농화장품으로 표시·광고하여 제조, 수입 및 판매할 경우 이 고시에 적합함을 입증하는 자료를 구비하고, 제조일(수입일 경우 통관일)로부터 3년 또는 사용기한 경과 후 1년 중 긴 기간 동안 보존하여야 한다.

제10조【재검토기한】 「훈령·예규 등의 발령 및 관리에 관한 규정」(대통령훈령 제248호)에 따라 이 고시 발령 후의 법령이나 현실여건의 변화 등을 검토하여 이 고시의 폐지, 개정 등의 조치를 해야 하는 기한은 2017년 12월 24일까지로 한다.

부 칙 〈제2014-200호, 2014.12.24.〉

제1조【시행일】 이 고시는 고시 후 6개월이 경과한 날부터 시행한다.

제2조【적용례】 이 고시는 고시 시행 후 최초로 제조 또는 수입(통관일을 기준으로 한다)하는 유기농화장품부터 적용한다.

[별표 1] 미네랄유래 원료
[별표 2] 허용 합성원료
[별표 3] 제조공정
[별표 4] 오염물질
[별표 5] 세척제

[별표 1] 미네랄유래 원료

구리가루(Copper Powder CI 77400)
규조토(Diatomaceous Earth)
디소듐포스페이트(Disodium Phosphate)
디칼슘포스페이트(Dicalcium Phosphate)
디칼슘포스페이트디하이드레이트(Dicalcium phosphate dihydrate)
마그네슘설페이트(Magnesium Sulfate)
마그네슘실리케이트(Magnesium Silicate)
마그네슘알루미늄실리케이트(Magnesium Aluminium Silicate)
마그네슘옥사이드(Magnesium Oxide CI 77711)
마그네슘카보네이트(Magnesium Carbonate CI 77713(Magnesite))
마그네슘클로라이드(Magnesium Chloride)
마그네슘카보네이트하이드록사이드 (Magnesium Carbonate Hydroxide)
마그네슘하이드록사이드(Magnesium Hydroxide)
마이카(Mica)
말라카이트(Malachite)
망가니즈비스오르토포스페이트(Manganese bis orthophosphate CI 77745)
망가니즈설페이트(Manganese Sulfate)
바륨설페이트(Barium Sulphate)
벤토나이트(Bentonite)
비스머스옥시클로라이드(Bismuth Oxychloride CI 77163)
소듐글리세로포스페이트(Sodium Glycerophosphate)
소듐마그네슘실리케이트(Sodium Magnesium Silicate)
소듐메타실리케이트(sodium Metasilicate)
소듐모노플루오로포스페이트(Sodium Monofluorophosphate)
소듐바이카보네이트(Sodium Bicarbonate)
소듐보레이트(Sodium borate)
소듐설페이트(Sodium Sulfate)
소듐실리케이트(Sodium Silicate)
소듐카보네이트(Sodium Carbonate)

소듐치오설페이트(Sodium Thiosulphate)
소듐클로라이드(Sodium Chloride)
소듐포스페이트(Sodium Phosphate)
소듐플루오라이드(Sodium Fluoride)
소듐하이드록사이드(Sodium Hydroxide)
실리카(Silica)
실버(Silver CI 77820)
실버설페이트(Silver Sulfate)
실버씨트레이트(Silver Citrate)
실버옥사이드(Silver Oxide)
실버클로라이드(Silver Chloride)
씨솔트(Sea Salt, Maris Sal)
아이런설페이트(Iron Sulfate)
아이런옥사이드(Iron Oxides CI 77480, 77489, 77491, 77492, 77499)
아이런하이드록사이드(Iron Hydroxide)
알루미늄아이런실리케이트(Aluminium Iron Silicates)
알루미늄(Aluminum)
알루미늄가루(Aluminum Powder CI 77000)
알루미늄설퍼이트(Aluminium Sulphate)
알루미늄암모니움설퍼이트(Aluminium Ammonium Sulphate)
알루미늄옥사이드(Aluminium Oxide)
알루미늄하이드록사이드(Aluminium Hydroxide)
암모늄망가니즈디포스페이트(Ammonium Manganese Diphosphate CI 77742)
암모늄설페이트(Ammonium Sulphate)
울트라마린(Ultramarines, Lazurite CI 77007)
징크설페이트(Zinc Sulfate)
징크옥사이드(Zinc oxide CI 77947)
징크카보네이트 (Zinc Carbonate, CI 77950)
카올린(Kaolin)
카퍼설페이트(Copper Sulfate, Cupric Sulfate)
카퍼옥사이드(Copper Oxide)
칼슘설페이트(Calcium Sulfate CI 77231)
칼슘소듐보로실리케이트(Calcium Sodium Borosilicate)
칼슘알루미늄보로실리케이트(Calcium Aluminium Borosilicate)
칼슘카보네이트(Calcium Carbonate)
칼슘포스페이트와 그 수화물(Calcium phosphate and their hydrates)
칼슘플루오라이드(Calcium Fluoride)

칼슘하이드록사이드(Calcium Hydroxide)
크로뮴옥사이드그린(Chromium Oxide Greens CI 77288)
크로뮴하이드록사이드그린(Chromium Hydroxide Green CI 77289)
탤크(Talc)
테트라소듐파이로포스페이트(Tetrasodium Pyrophosphate)
티타늄디옥사이드(Titanium Dioxide CI 77891)
틴옥사이드(Tin Oxide)
페릭암모늄페로시아나이드(Ferric Ammonium Ferrocyanide CI 77510)
포타슘설페이트(Potassium Sulfate)
포타슘아이오다이드(potassium iodide)
포타슘알루미늄설페이트 (Potassium aluminium sulphate)
포타슘카보네이트(Potassium Carbonate)
포타슘클로라이드(Potassium Chloride)
포타슘하이드록사이드(Potassium Hydroxide)
하이드레이티드실리카(Hydrated Silica)
하이드록시아파타이트 (Hydroxyapatite)
헥토라이트(Hectorite)
세륨옥사이드 (Cerium Oxide)

[별표 2] 허용 합성원료

네츄럴토코페롤(Natural tocopherol(extracted with hexane))
데나토늄벤조에이트(Denatonium Benzoate)
데하이드로아세틱애씨드 및 그 염류(Dehydroacetic Acid and its salt)
레시틴(Lecithin)
벤조익애씨드, 그 염류 및 에스텔류(Benzoic Acid and its salts and ester)
벤질알코올(Benzyl Alcohol)
살리실릭애씨드 및 그 염류(Salicylic Acid and its salts)
소르빅애씨드 및 그 염류(Sorbic Acid and its salts)
알킬베타인(Alkylbetaine)
이소프로필알콜(Isopropyl Alcohol)
잔탄검(Xanthan Gum)
카라기난(Carrageenan)
터셔리부틸알콜(Tertiary butyl alcohol(TBA))
테트라소듐글루타메이트디아세테이트(Tetrasodium Glutamate Diacetate)

[별표 3] 제조공정

1. 허용되는 공정

구 분	공정명	비 고
물리적 공정	흡수(Absorption)/흡착(Adsorption)	불활성 지지체
	탈색(Bleaching)/탈취(Deodorization)	불활성 지지체
	분쇄(Grinding)	
	원심분리(Centrifuging)	
	상층액분리(Decanting)	
	건조 (Desiccation and Drying)	
	탈(脫)고무(Degumming)/탈(脫)유(De-oiling)	
	탈(脫)테르펜(Deterpenation)	증기 또는 자연적으로 얻어지는 용매 사용
	증류(Distillation)	자연적으로 얻어지는 용매 사용(물, CO_2 등)
	추출(Extractions)	자연적으로 얻어지는 용매 사용(물, 글리세린 등)
	여과(Filtration)	불활성 지지체
	동결건조(Lyophilization)	
	혼합(Blending)	
	삼출(Percolation)	
	압력(Pressure)	
	멸균(Sterilization)	열처리
	멸균(Sterilization)	가스 처리(O_2, N_2, Ar, He, O_3, CO_2 등)
	멸균(Sterilization)	UV, IR, Microwave
	체로 거르기(Sifting)	
	달임(Decoction)	뿌리, 열매 등 단단한 부위를 우려냄
	냉동(Freezing)	
	우려냄(Infusion)	꽃, 잎 등 연약한 부위를 우려냄
	매서레이션(Maceration)	정제수나 오일에 담가 부드럽게 함
	마이크로웨이브(Microwave)	
	결정화(Settling)	
	압착(SQUEEZING)/분쇄(CRUSHING)	
	초음파(ULTRASOUND)	
	UV 처치(UV TREATMENTS)	
	진공(VACUUM).	

구 분	공정명	비 고
화학적·생물학적 공정	알킬화(Alkylation)	
	아마이드 형성(Formation of amid)	
	회화(Calcination)	
	탄화(Carbonization)	
	응축/부가(Condensation/Addition)	
	복합화(Complexation)	
	에스텔화(Esterification)/ 에스테르결합전이반응(Transesterification)/ 에스테르교환(Interesterification)	
	에텔화(Etherification)	
	생명공학기술(Biotechnology)/ 자연발효(Natural fermentation)	
	수화(Hydration)	
	수소화(Hydrogenation)	
	가수분해(Hydrolysis)	
	중화(Neutralization)	
	산화/환원(Oxydization/Reduction)	
	양쪽성물질의 제조공정(Processes for the Manufacture of Amphoterics)	아마이드, 4기화반응(formation of amide and quaternization)
	비누화(Saponification)	
	황화(Sulphatation)	
	가열(Roasting)	
	이온교환(IONIC EXCHANGE)	
	오존분해(Ozonolysis)	

2. 금지되는 공정

구분	공정명	비고
금지되는 제조공정	탈색, 탈취(Bleaching-Deodorisation)	동물 유래
	방사선 조사(Irradiation)	알파선, 감마선
	설폰화(Sulphonation)	
	에칠렌 옥사이드, 프로필렌 옥사이드 또는 다른 알켄 옥사이드 사용(Use of ethylene oxide, propylene oxide or other alkylene oxides)	
	수은화합물을 사용한 처리 (Treatments using Mercury)	
	포름알데하이드 사용(Use of formaldehyde)	

[별표 4] 오염물질

중금속(Trace)	카드뮴, 수은, 납, 크롬, 구리, 니켈, 아연, 몰리브덴, 비소, 셀레늄
탄화수소	벤젠, 톨루엔 자일렌, 다핵방향족탄화수소(PAHs)
농약류	살충제, 곰팡이 제거제, 제초제의 잔류물
다이옥신류	폴리염화디벤조다이옥신(P.C.D.D), 폴리염화디벤조푸란(P.C.D.F), 폴리염화비페닐(P.C.B)
방사능	방사성 물질
유전자 재조합 농산물(GMO)	유전자 재조합(GMO) 부산물
동물유래 물질 중 잔류 의약품	항콕시듐제(anticoccidials), 합성항생제, 단백동화스테로이드(anabolic steroids)
식물 중 오염물질	질산염 등
마이코톡신(Mycotoxins)	곰팡이 독소
니트로스아민(Nitrosamines)	

[별표 5] 세척제

1. 포함되어서는 안 되는 원료

무기산 및 알칼리(mineral acids and alkalis)
암모늄계 물질(Products based on ammoniac)
양쪽성계면활성제(amphoteric surfactant)
염소계 물질(Chlorine and chlorinated-based products)
유전자 재조합 미생물계 물질(Products based on genetically modified micro-organisms)
인산염계 물질(Products based on phosphates et de phosphonates)
포름알데하이드(Formaldehyde)
Ethylenediaminetetra-acetic acid(EDTA)

2. 사용가능한 원료

과산화수소(Hydrogen peroxide/their stabilizing agents)
과초산(Peracetic acid)
락틱애씨드(Lactic acid)
알코올(이소프로판올 및 에탄올)
계면활성제(Surfactant)
- 재생가능
- EC50 or IC50 or LC50 > 10 mg/l
- 혐기성 및 호기성 조건하에서 쉽고 빠르게 생분해 될 것(OECD 301 > 70% in 28 days)
- 에톡실화 계면활성제는 상기 조건에 추가하여 다음 조건을 만족하여야 함
  - 전체 계면활성제의 50% 이하일 것
  - 에톡실화가 8번 이하일 것
  - 유기농 화장품에 혼합되지 않을 것

석회장석유(Lime feldspar-milk)
소듐카보네이트(Sodium carbonate)
소듐하이드록사이드(Sodium hydroxide)
시트릭애씨드(Citric acid)
식물성 비누(Vegetable soap)
아세틱애씨드(Acetic acid)
열수와 증기(hot water and steam)
정유(Plant essential oil)
포타슘하이드록사이드(Potassium hydroxide)

2. 화장품 사용 시의 주의사항 표시에 관한 규정

[시행 2014.2.12.] [식품의약품안전처고시 제2014-78호, 2014.2.12., 일부개정]
식품의약품안전처(화장품정책과), 043-719-3408

제1조【목적】 이 고시는 「화장품법」 제10조제1항 및 제4항, 같은 법 시행규칙 제19조제3항 및 별표3에 따라 화장품의 포장에 안전정보에 따른 사용 시의 주의사항을 기재·표시하여야 하는 대상 등을 정함을 목적으로 한다.

제2조【사용 시의 주의사항 기재·표시 대상 등】 화장품의 포장에 안전 정보와 관련하여 사용 시의 주의사항을 기재·표시하여야 하는 대상 및 그 내용은 별표와 같다.

제3조【규제의 재검토】 「행정규제기본법」 제8조 및 「훈령·예규 등의 발령 및 관리에 관한 규정」(대통령훈령 제248호)에 따라 2014년 1월 1일을 기준으로 매 3년이 되는 시점(매 3년째의 12월 31일까지를 말한다)마다 그 타당성을 검토하여 개선 등의 조치를 하여야 한다.

부 칙 〈제2010-73호, 2010.10.26.〉

제1조【시행일】 이 고시는 고시한 날부터 시행한다.

제2조【경과조치】 이 고시 시행 당시 제7조의 개정 규정에 해당하는 화장품에 대하여 이 고시 시행 전에 이미 종전 고시에 따라 표시·기재되어 있는 용기 또는 포장 및 첨부문서는 제7조의 개정 규정에도 불구하고 이 고시 시행 후 6개월이 되는 날까지 계속 사용할 수 있다.

부 칙 〈제2012-43호, 2012.7.4.〉

제1조【시행일】 이 고시는 고시한 날부터 시행한다.

제2조【적용례】 제2조의 개정규정은 고시 시행 후 최초로 제조업자, 제조판매업자가 제조 또는 수입(선적일을 기준으로 한다)하는 화장품부터 적용한다.

제3조【경과조치】 이 고시 시행 당시 제2조의 개정 규정에 해당하는 화장품에 대하여 이 고시 시행 전에 이미 종전의 규정에 따라 기재·표시되어 있는 포장은 제2조의 개정 규정에도 불구하고 2014년 2월 4일까지 해당 품목의 화장품의 제조에 계속 사용할 수 있다.

부　칙 〈제2013－170호, 2013.4.5.〉

제1조【시행일】 이 고시는 고시한 날부터 시행한다.

부　칙 〈제2013－243호, 2013.12.10.〉

이 고시는 고시한 날부터 시행한다.

부　칙 〈제2014－78호, 2014.2.12.〉

이 고시는 고시한 날부터 시행한다.

[별표] 화장품의 함유 성분별 사용 시의 주의사항 표시 문구(제2조 관련)

1. 과산화수소 및 과산화수소 생성물질 함유 제품
   과산화수소를 함유하고 있으므로 눈에 접촉을 피하고 눈에 들어갔을 때는 즉시 씻어낼 것
2. 벤잘코늄클로라이드, 벤잘코늄브로마이드 및 벤잘코늄사카리네이트 함유 제품
   벤잘코늄클로라이드(또는 벤잘코늄브로마이드, 벤잘코늄사카리네이트)를 함유하고 있으므로 눈에 접촉을 피하고 눈에 들어갔을 때는 즉시 씻어낼 것
3. 스테아린산아연 함유 제품(기초화장용 제품류 중 파우더 제품에 한함)
   스테아린산아연을 함유하고 있으므로 사용 시 흡입되지 않도록 주의할 것
4. 살리실릭애씨드 및 그 염류 함유 제품(샴푸 등 사용 후 바로 씻어내는 제품 제외)
   살리실릭애씨드 및 그 염류를 함유하고 있으므로 만3세 이하 어린이에게는 사용하지 말 것
5. 실버나이트레이트 함유 제품
   실버나이트레이트를 함유하고 있으므로 눈에 접촉을 피하고 눈에 들어갔을 때는 즉시 씻어낼 것
6. 아이오도프로피닐부틸카바메이트(IPBC) 함유 제품(목욕용 제품, 샴퓨류 및 바디클렌저 제외)
   아이오도프로피닐부틸카바메이트(IPBC)를 함유하고 있으므로 만3세 이하 어린이에게는 사용하지 말 것
7. 알루미늄 및 그 염류 함유 제품 (체취방지용 제품류에 한함)
   알루미늄 및 그 염류를 함유하고 있으므로 신장질환이 있는 사람은 사용 전에 의사와 상의할 것
8. 알부틴 2% 이상 함유 제품
   동일 성분(알부틴 2% 이상)을 함유하는 제품의 「인체적용시험자료」에서 구진과 경미한 가려움이 보고된 예가 있음
9. 카민 또는 코치닐추출물 함유 제품
   카민 또는 코치닐추출물을 함유하고 있으므로 이 성분에 과민하거나 알레르기가 있는 사람은 신중히 사용할 것
10. 포름알데하이드 0.05% 이상 검출된 제품
    포름알데하이드를 함유하고 있으므로 이 성분에 과민한 사람은 신중히 사용할 것
11. 폴리에톡실레이티드레틴아마이드 0.2% 이상 함유 제품
    동일 성분(폴리에톡실레이티드레틴아마이드 0.2% 이상)을 함유하는 제품의 「인체적용시험자료」에서 경미한 발적, 피부건조, 화끈감, 가려움, 구진이 보고된 예가 있음

3. 기능성화장품 심사에 관한 규정

[시행 2015.3.25.] [식품의약품안전처고시 제2015-14호, 2015.3.25., 일부개정]
식품의약품안전처(화장품정책과), 043-719-3408

제1장 총칙

제1조【목적】 이 규정은 「화장품법」 제4조 및 같은 법 시행규칙 제9조에 따라 기능성화장품을 심사받기 위한 제출 자료의 범위, 요건, 작성요령, 제출이 면제되는 범위 및 심사기준 등에 관한 세부 사항을 정함으로써 기능성화장품의 심사업무에 적정을 기함을 목적으로 한다.

제2조【정의】 ① 이 규정에서 사용하는 용어의 정의는 다음 각 호와 같다.

1. "기능성화장품"은 「화장품법」 제2조제2호 및 같은 법 시행규칙 제2조에 따른 화장품을 말한다.
2. 삭제

② 이 규정에서 사용하는 용어 중 별도로 정하지 아니한 용어의 정의는 「의약품등의 독성시험기준」(식품의약품안전처 고시)에 따른다.

제3조【심사대상】 이 규정에 따라 심사를 받아야 하는 대상은 기능성화장품으로 한다. 또한 이미 심사완료 된 결과에 대한 변경심사를 받고자 하는 경우에도 또한 같다.

제2장 심사자료

제4조【제출자료의 범위】 기능성화장품의 심사를 위하여 제출하여야 하는 자료의 종류는 다음 각 호와 같다. 다만, 제6조에 따라 자료가 면제되는 경우에는 그러하지 아니하다.

1. 안전성, 유효성 또는 기능을 입증하는 자료
   가. 기원 및 개발 경위에 관한 자료
   나. 안전성에 관한 자료(다만, 과학적인 타당성이 인정되는 경우에는 구체적인 근거자료를 첨부하여 일부 자료를 생략할 수 있다.)
      (1) 단회투여독성시험자료
      (2) 1차피부자극시험자료

(3) 안점막자극 또는 기타점막자극시험자료

(4) 피부감작성시험자료

(5) 광독성 및 광감작성 시험자료(자외선에서 흡수가 없음을 입증하는 흡광도 시험자료를 제출하는 경우에는 면제함)

(6) 인체첩포시험자료

(7) 인체누적첩포시험자료(인체적용시험자료에서 수포 형성, 화상 발생 등 안전성 문제가 우려된다고 판단되는 경우에 한함)

다. 유효성 또는 기능에 관한 자료

(1) 효력시험자료

(2) 인체적용시험자료

라. 자외선차단지수(SPF), 내수성자외선차단지수(SPF) 및 자외선A차단등급(PA) 설정의 근거자료(자외선을 차단 또는 산란시켜 자외선으로부터 피부를 보호하는 기능을 가진 화장품의 경우에 한함)

2. 기준 및 시험방법에 관한 자료(검체 포함)

제5조【제출자료의 요건】 제4조에 따른 기능성화장품의 심사 자료의 요건은 다음 각 호와 같다.

1. 안전성, 유효성 또는 기능을 입증하는 자료

가. 기원 및 개발경위에 관한 자료

당해 기능성화장품에 대한 판단에 도움을 줄 수 있도록 명료하게 기재된 자료

나. 안전성에 관한 자료

(1) 일반사항

「비임상시험관리기준」(식품의약품안전처 고시)에 따라 시험한 자료. 다만, 인체첩포시험 및 인체누적첩포시험은 국내·외 대학 또는 전문 연구기관에서 실시하여야 하며, 관련분야 전문의사, 연구소 또는 병원 기타 관련기관에서 5년 이상 해당 시험 경력을 가진 자의 지도 및 감독 하에 수행·평가되어야 함

(2) 시험방법

(가) [별표 1] 독성시험법에 따르는 것을 원칙으로 하며 기타 독성시험법에 대해서는 「의약품등의 독성시험기준」(식품의약품안전처 고시)을 따를 것

(나) 다만 시험방법 및 평가기준 등이 과학적·합리적으로 타당성이 인정되거나 경제협력개발기구(Organization for Economic Cooperation and Development) 또는 식품의약품안전처가 인정하는 동물대체시험법인 경우에는 규정된 시험법을 적용하지 아니할 수 있음

다. 유효성 또는 기능에 관한 자료

(1) 효력시험에 관한 자료

심사대상 효능을 포함한 효력을 뒷받침하는 비임상시험자료로서 효과 발현의 작용기전이 포함되어야 하며, 다음 중 어느 하나에 해당할 것

(가) 국내·외 대학 또는 전문 연구기관에서 시험한 것으로서 당해 기관의 장이 발급한 자료(시험시설 개요, 주요설비, 연구인력의 구성, 시험자의 연구경력에 관한 사항이 포함될 것)

(나) 당해 기능성화장품이 개발국 정부에 제출되어 평가된 모든 효력시험자료로서 개발국 정부(허가 또는 등록기관)가 제출받았거나 승인하였음을 확인한 것 또는 이를 증명한 자료

(다) 과학논문인용색인(Science Citation Index 또는 Science Citation Index Expanded)에 등재된 전문학회지에 게재된 자료

(2) 인체적용시험자료

사람에게 적용 시 효능·효과 등 기능을 입증할 수 있는 자료로서, 관련분야 전문의사, 연구소 또는 병원 기타 관련기관에서 5년 이상 해당 시험경력을 가진 자의 지도 및 감독 하에 수행·평가되고, 같은 호 다목(1) (가) 및 (나)에 해당할 것

라. 자외선차단지수(SPF), 내수성자외선차단지수(SPF), 자외선A차단등급(PA) 설정의 근거자료

(1) 자외선차단지수(SPF) 설정 근거자료

[별표 3] 자외선 차단효과 측정방법 및 기준·일본(JCIA)·미국(FDA)·유럽(Cosmetics Europe) 또는 호주/뉴질랜드(AS/NZS) 등의 자외선차단지수 측정방법에 의한 자료

(2) 내수성자외선차단지수(SPF) 설정 근거자료

[별표 3] 자외선 차단효과 측정방법 및 기준·미국(FDA)·유럽(Cosmetics Europe) 또는 호주/뉴질랜드(AS/NZS) 등의 내수성자외선차단지수 측정방법에 의한 자료

(3) 자외선A차단등급(PA) 설정 근거자료

[별표 3] 자외선 차단효과 측정방법 및 기준 또는 일본(JCIA) 등의 자외선A 차단효과 측정방법에 의한 자료

2. 기준 및 시험방법에 관한 자료

품질관리에 적정을 기할 수 있는 시험항목과 기준치 설정의 근거가 되는 자료

제6조【제출자료의 면제 등】 ① 대한민국화장품원료집(KCID), 국제화장품원료집(ICID), 유

럽연합(EU) 화장품원료집, 「식품의 기준 및 규격」(식품의약품안전처 고시) 및 「식품첨가물의 기준 및 규격」(식품의약품안전처 고시)(Ⅱ. 화학적합성품, 천연첨가물 및 혼합제제류 중 제3. 품목별 성분규격 및 보존기준의 나. 천연첨가물에 한한다)에서 정하는 원료로 제조되거나 제조되어 수입된 기능성화장품의 경우 제4조제1호나목의 자료 제출을 면제한다. 다만, 유효성 또는 기능 입증자료 중 인체적용시험자료에서 수포 형성, 화상 등 중대한 부작용이 발생하여 안전성 문제가 우려된다고 식품의약품안전처장이 인정하는 경우에는 그러하지 아니하다.

② 제4조제1호다목에서 정하는 유효성 또는 기능에 관한 자료 중 인체적용시험자료를 제출하는 경우 효력시험자료 제출을 면제할 수 있다. 다만, 이 경우에는 해당 효능·효과를 나타내는 성분을 제품 명칭의 일부로 사용하거나 해당 성분에 대해 효능·효과를 기재·표시할 수 없다.

③ [별표 4] 자료 제출이 생략되는 기능성화장품의 종류에서 성분·함량을 고시한 품목의 경우에는 제4조제1호가목부터 다목까지의 자료 제출을 면제한다.

④ 이미 심사를 받은 기능성화장품[제조판매업자가 같거나 제조업자(제조업자가 제품을 설계·개발·생산하는 방식으로 제조한 경우만 해당한다)가 같은 기능성화장품만 해당한다]과 그 효능·효과를 나타내게 하는 원료의 종류, 규격 및 분량(액상인 경우 농도), 용법·용량이 동일하고, 효능·효과를 나타나게 하는 성분을 제외한 대조군과의 비교실험으로서 효능을 입증한 경우 또는 착색제, 착향제, 현탁화제, 유화제, 용해보조제, 안정제, 등장제, pH 조절제, 점도 조절제, 용제만 다른 품목의 경우에는 제4조제1호의 자료 제출을 면제한다.

⑤ 자외선차단지수(SPF) 10 이하 제품의 경우에는 제4조제1호라목의 자료 제출을 면제한다.

⑥ 자외선을 차단 또는 산란시켜 자외선으로부터 피부를 보호하는 기능을 가진 제품의 경우 이미 심사를 받은 기능성화장품[제조판매업자가 같거나 제조업자(제조업자가 제품을 설계·개발·생산하는 방식으로 제조한 경우만 해당한다)가 같은 기능성화장품만 해당한다]과 그 효능·효과를 나타내게 하는 원료의 종류, 규격 및 분량(액상의 경우 농도), 용법·용량 및 제형이 동일한 경우에는 제4조제1호의 자료 제출을 면제한다. 다만, 내수성 제품은 이미 심사를 받은 기능성화장품[제조판매업자가 같거나 제조업자(제조업자가 제품을 설계·개발·생산하는 방식으로 제조한 경우만 해당한다)가 같은 기능성화장품만 해당한다]과 착향제, 보존제를 제외한 모든 원료의 종류, 규격 및 분량, 용법·용량 및 제형이 동일한 경우에 제4조제1호의 자료 제출을 면제한다.

⑦ 삭제

제7조【자료의 작성 등】 ① 제출 자료는 제5조에 따른 요건에 적합하여야 하며 품목별로 각각 기재된 순서에 따라 목록과 자료별 색인번호 및 쪽을 표시하여야 하며, 식품의약품

안전평가원장이 정한 전용프로그램으로 작성된 전자적 기록매체(CD · 디스켓 등)와 함께 제출하여야 한다. 다만, 각 조에 따라 제출 자료가 면제 또는 생략되는 경우에는 그 사유를 구체적으로 기재하여야 한다.

② 외국의 자료는 원칙적으로 한글요약문(주요사항 발췌) 및 원문을 제출하여야 하며, 필요한 경우에 한하여 전체 번역문(화장품 전문지식을 갖춘 번역자 및 확인자 날인)을 제출하게 할 수 있다.

제8조【자료의 보완등】 식품의약품안전평가원장은 제출된 자료가 제4조부터 제6조까지의 규정에서 정하는 자료의 제출범위 및 요건에 적합하지 않거나 제3장의 심사기준을 벗어나는 경우 그 내용을 구체적으로 명시하여 자료제출자에게 보완요구 할 수 있다.

제 3 장 심사기준

제9조【제품명】 제품명은 이미 심사를 받은 기능성화장품의 명칭과 동일하지 아니하여야 한다. 다만, 수입품목의 경우 서로 다른 제조판매업자가 제조소(원)가 같은 동일 품목을 수입하는 경우에는 제조판매업자명을 병기하여 구분하여야 한다.

제10조【원료 및 그 분량】 ① 기능성화장품의 원료 및 그 분량은 효능· 효과 등에 관한 자료에 따라 합리적이고 타당하여야 하고, 각 성분의 배합의의가 인정되어야 하며, 다음 각 호에 적합하여야 한다.

1. 기능성화장품의 원료 성분 및 그 분량은 제제의 특성을 고려하여 각 성분마다 배합목적, 성분명, 규격, 분량(중량, 용량)을 기재하여야 한다. 다만, 착색제, 착향제, 현탁화제, 유화제, 용해보조제, 안정제, 등장제, pH 조절제, 점도 조절제, 용제 등의 경우에는 적량으로 기재할 수 있고, 착색제 중 식품의약품안전처장이 지정하는 색소(황색4호 제외)를 배합하는 경우에는 성분명을 "식약처장지정색소"라고 기재할 수 있다.
2. 원료 및 그 분량은 "100밀리리터중" 또는 "100그람중"(캅셀제의 경우 1캅셀중)으로 그 분량을 기재함을 원칙으로 하며, 분사제는 "100그람중"(원액과 분사제의 양 구분표기)의 함량으로 기재한다.
3. 각 원료의 성분명과 규격은 다음 각 호에 적합하여야 한다.
   가. 성분명은 제6조제1항의 규정에 해당하는 원료집에서 정하는 명칭 [국제화장품원료집의 경우 INCI(International Nomenclature Cosmetic Ingredient) 명칭]을, 별첨규격의 경우 일반명 또는 그 성분의 본질을 대표하는 표준화된 명칭을 각각 한글로 기재한다.

나. 규격은 다음과 같이 기재하고, 그 근거자료를 첨부하여야 한다.

(1) 효능·효과를 나타나게 하는 성분

「기능성화장품 기준 및 시험방법」(식품의약품안전처 고시)에서 정하는 규격기준의 원료인 경우 그 규격으로 하고, 그 이외에는 "별첨규격" 또는 "별규"로 기재하며 [별표 2]의 작성요령에 따라 작성할 것

(2) 효능·효과를 나타나게 하는 성분 이외의 성분

제6조제1항의 규정에 해당하는 원료집에서 정하는 원료인 경우 그 수재 원료집의 명칭(예 ICID)으로, 「화장품의 색소 종류와 기준 및 시험방법」(식품의약품안전처 고시)에서 정하는 원료인 경우 "화장품색소고시"로 하고, 그 이외에는 "별첨규격" 또는 "별규"로 기재하며 [별표 2]의 작성요령에 따라 작성할 것

② 삭제

③ 삭제

제11조【제형】 그 품목의 제형을 간결하게 표현하여야 한다.

제12조【삭제】

제13조【효능·효과】 ① 기능성화장품의 효능·효과는 「화장품법」 제2조제2호 각 목에 적합하여야 한다.

② 자외선으로부터 피부를 보호하는데 도움을 주는 제품에 자외선차단지수(SPF) 또는 자외선A차단등급(PA)을 표시하는 때에는 다음 각 호의 기준에 따라 표시한다.

1. 자외선차단지수(SPF)는 측정결과에 근거하여 평균값(소수점 이하 절사)으로부터 −20% 이하 범위 내 정수(예 SPF평균값이 '23'일 경우 19~23 범위 정수)로 표시하되, SPF 50이상은 "SPF50+"로 표시한다.
2. 자외선A차단등급(PA)은 측정결과에 근거하여 [별표 3] 자외선 차단효과 측정방법 및 기준에 따라 표시한다.

제14조【용법·용량】 기능성화장품의 용법·용량은 오용될 여지가 없는 명확한 표현으로 기재하여야 한다.

제15조【사용 시의 주의사항】 「화장품법 시행규칙」 [별표 3] 화장품 유형과 사용 시의 주의사항의 2. 사용 시의 주의사항 및 「화장품 사용 시의 주의사항 표시에 관한 규정」(식품의약품안전처 고시)을 기재하되, 별도의 주의사항이 필요한 경우에는 근거자료를 첨부하여 추가로 기재할 수 있다.

제16조【삭제】

제17조【기준 및 시험방법】 기준 및 시험방법에 관한 자료는 [별표 2] 기준 및 시험방법 작성요령에 적합하여야 한다.

제4장 보 칙

제18조【자문등】 식품의약품안전처장은 이 규정에 의한 기능성화장품의 심사 등을 위해 필요하다고 인정되는 경우에는 「식품의약품안전처 정책자문위원회 규정」(식품의약품안전처 훈령)에 따른 화장품 분야 소위원회의 자문을 받을 수 있다.

제19조【규제의 재검토】 「행정규제기본법」 제8조 및 「훈령·예규 등의 발령 및 관리에 관한 규정」(대통령훈령 제248호)에 따라 2014년 1월 1일을 기준으로 매 3년이 되는 시점(매 3년째의 12월 31일까지를 말한다)마다 그 타당성을 검토하여 개선 등의 조치를 하여야 한다.

부 칙 〈제2008-58호, 2008.8.26.〉

이 고시는 고시한 날부터 시행한다.

부 칙 〈제2008-75호, 2008.11.27.〉

이 고시는 고시한 날부터 시행한다.

부 칙 〈제2009-128호, 2009.8.24.〉

이 고시는 고시한 날부터 시행한다.

부 칙 〈제2009-166호, 2009.11.5.〉

제1조【시행일】 이 고시는 고시한 날부터 시행한다.

제2조【경과조치】 이 고시 시행 당시 이미 식품의약품안전청장에게 접수된 기능성화장품(변경)심사의뢰서는 종전의 고시에 따른다.

부 칙 〈제2012-59호, 2012.8.24.〉

(재검토기한 재설정을 위한 건강기능식품 표시 및 광고 심의기준 일부 개정)

이 고시는 고시한 날부터 시행한다.

부 칙 〈제2013-29호, 2013.4.5.〉

(정부조직개편에 따른 소관명칭 변경을 위한 민원의 전자적 신청 및 처리에 관한 규정 등 일부개정)

이 고시는 고시한 날부터 시행한다.

부 칙 〈제2013-190호, 2013.6.26.〉

제1조【시행일】 이 고시는 고시한 날부터 시행한다.

제2조【다른 고시의 폐지】「자외선 차단효과 측정방법 및 기준」(식품의약품안전처고시 제2013-50호, 2013. 4. 5.)은 이를 폐지한다.

제3조【적용례】 이 고시는 고시 시행 후 최초로 식품의약품안전평가원장에게 제출되는 기능성화장품 심사의뢰서(변경을 포함한다)부터 적용한다.

제4조【신원료의 심사에 관한 경과조치】 이 고시 시행 당시 종전의 규정에 따라 신원료 심사를 받은 원료로 제조되거나 제조되어 수입된 기능성화장품의 경우 제4조제1호나목의 자료 제출을 면제한다.

제5조【기능성화장품의 심사에 관한 경과조치】 ① 이 고시 시행 당시 종전의 규정에 따라 기능성화장품으로 심사받은 품목은 이 고시에 따라 심사를 받은 것으로 본다.

② 이 고시 시행 당시 종전의 규정에 따라 심사된 기능성 화장품의 별첨규격 및 기준 및 시험방법에 인용된 "「자외선 차단효과 측정방법 및 기준」(식품의약품안전처 고시)"을 "「기능성화장품 심사에 관한 규정」(식품의약품안전처 고시) [별표 3] 자외선 차단효과 측정방법 및 기준"으로 본다.

부 칙 〈제2013-263호, 2013.12.31.〉

제1조【시행일】 이 고시는 고시한 날부터 시행한다.

제2조【적용례】 이 고시 시행 당시 종전의 규정에 따라 식품의약품안전평가원장에게 기능성화장품 심사의뢰서(변경을 포함한다)를 제출한 경우에도 개정 규정을 적용한다.

부 칙 〈제2014-75호, 2014.2.12.〉

이 고시는 고시한 날부터 시행한다.

부 칙 〈제2015－14호, 2015.3.25.〉

제1조【시행일】 이 고시는 고시한 날부터 시행한다.

제2조【적용례】 ① 이 고시는 고시 시행 후 최초로 식품의약품안전평가원장에게 제출되는 기능성화장품 심사의뢰서(변경을 포함한다)부터 적용한다.

② 이 고시 시행 당시 종전의 규정에 따라 식품의약품안전평가원장에게 기능성화장품 심사의뢰서(변경을 포함한다)를 제출한 경우에도 개정 규정을 적용한다.

제3조【경과조치】 이 고시 시행 당시 종전의 규정에 따라 기능성화장품으로 심사받은 품목은 이 고시에 따라 심사를 받은 것으로 본다.

[별표 1] 독성시험법

[별표 2] 기준 및 시험방법 작성요령

[별표 3] 자외선 차단효과 측정방법 및 기준

[별표 4] 자료 제출이 생략되는 기능성화장품의 종류(제6조제3항 관련)

[별표 1] 독성시험법

1. 단회투여독성시험
   1) 실험 동물 : 랫드 또는 마우스
   2) 동 물 수 : 1군당 5마리 이상
   3) 투여경로 : 경구 또는 비경구 투여
   4) 용량 단계 : 독성을 파악하기에 적절한 용량단계를 설정한다.
      만약, 2,000mg/kg 이상의 용량에서 시험물질과 관련된 사망이 나타나지 않는다면 용량단계를 설정할 필요는 없다.
   5) 투여 횟수 : 1회
   6) 관찰
      * 독성증상의 종류, 정도, 발현, 추이 및 가역성을 관찰하고 기록한다.
      * 관찰기간은 일반적으로 14일로 한다.
      * 관찰기간 중 사망례 및 관찰기간 종료 시 생존례는 전부 부검하고, 기관과 조직에 대하여도 필요에 따라 병리조직학적 검사를 행한다.

2. 1차피부자극시험
   1) Draize방법을 원칙으로 한다.
   2) 시험 동물 : 백색 토끼 또는 기니픽
   3) 동물수 : 3마리 이상
   4) 피부 : 털을 제거한 건강한 피부

5) 투여면적 및 용량 : 피부 1차 자극성을 적절하게 평가 시 얻어질 수 있는 면적 및 용량
6) 투여농도 및 용량 : 피부 1차 자극성을 평가하기에 적정한 농도와 용량을 설정한다. 단일 농도 투여 시에는 0.5ml(액체) 또는 0.5g(고체)를 투여량으로 한다.
7) 투여 방법 : 24시간 개방 또는 폐쇄첩포
8) 투여 후 처치 : 무처치하지만 필요에 따라서 세정 등의 조작을 행해도 좋다.
9) 관찰 : 투여 후 24, 48, 72시간의 투여부위의 육안관찰을 행한다.
10) 시험결과의 평가 : 피부 1차 자극성을 적절하게 평가 시 얻어지는 채점법으로 결정한다.

3. 안점막자극 또는 기타점막자극시험

1) Draize방법을 원칙으로 한다.
2) 시험동물 : 백색 토끼
3) 동물수 : 세척군 및 비세척군당 3마리 이상
4) 투여 농도 및 용량 : 안점막자극성을 평가하기에 적정한 농도를 설정하며, 투여 용량은 0.1ml (액체) 또는 0.1g(고체)한다.
5) 투여 방법 : 한쪽 눈의 하안검을 안구로부터 당겨서 결막낭 내에 투여하고 상하안검을 약 1초간 서로 맞춘다. 다른쪽 눈을 미처치 그대로 두어 무처치 대조안으로 한다.
6) 관찰 : 약물 투여 후 1, 24, 48, 72시간 후에 눈을 관찰
7) 기타 대표적인 시험방법은 다음과 같은 방법이 있다.
   (1) LVET(Low Volume Eye Irritation Test) 법
   (2) Oral Mucosal Irritation test 법
   (3) Rabbit/Rat Vaginal Mucosal Irritation test 법
   (4) Rabbit Penile mucosal Irritation test 법

4. 피부감작성시험

1) 일반적으로 Maximization Test를 사용하지만 적절하다고 판단되는 다른 시험법을 사용할 수 있다.
2) 시험동물 : 기니픽
3) 동물수 :원칙적으로 1군당 5마리 이상
4) 시험군 : 시험물질감작군, 양성대조감작군, 대조군을 둔다.
5) 시험실시요령 : Adjuvant를 사용하는 시험법 및 adjuvant를 사용하지 않는 시험법이 있으나 제1단계로서 Adjuvant를 사용하는 사용법 가운데 1가지를 선택해서 행하고, 만약 양성소견이 얻어진 경우에는 제2단계로서 Adjuvant를 사용하지 않는 시험방법을 추가해서 실시하는 것이 바람직하다.
6) 시험결과의 평가 : 동물의 피부반응을 시험법에 의거한 판정기준에 따라 평가한다.
7) 대표적인 시험방법은 다음과 같은 방법이 있다.
   (1) Adjuvant를 사용하는 시험법
      ① Adjuvant and Patch Test

② Freund's Complete Adjuvant Test
③ Maximization Test
④ Optimization Test
⑤ Split Adjuvant Test

(2) Adjuvant를 사용하지 않는 시험법

① Buehler Test
② Draize Test
③ Open Epicutaneous Test

5. 광독성시험

1) 일반적으로 기니픽을 사용하는 시험법을 사용한다.
2) 시험동물 : 각 시험법에 정한 바에 따른다.
3) 동물수 : 원칙적으로 1군당 5마리 이상
4) 시험군 : 원칙적으로 시험물질투여군 및 적절한 대조군을 둔다.
5) 광원 : UV－A 영역의 램프 단독, 혹은 UV－A와 UV－B 영역의 각 램프를 겸용해서 사용한다.
6) 시험실시요령 : 자항의 시험방법 중에서 적절하다고 판단되는 방법을 사용한다.
7) 시험결과의 평가 : 동물의 피부반응을 각각의 시험법에 의거한 판정기준에 따라 평가한다.
8) 대표적인 방법으로 다음과 같은 방법이 있다.

(1) Ison법
(2) Ljunggren법
(3) Morikawa법
(4) Sams법
(5) Stott법

6. 광감작성시험

1) 일반적으로 기니픽을 사용하는 시험법을 사용한다.
2) 시험동물 : 각 시험법에 정한 바에 따른다.
3) 동물수 : 원칙적으로 1군당 5마리 이상
4) 시험군 : 원칙적으로 시험물질투여군 및 적절한 대조군을 둔다.
5) 광원 : UV－A 영역의 램프 단독, 혹은 UV-A와 UV-B 영역의 각 램프를 겸용해서 사용한다.
6) 시험실시요령 : 자항의 시험방법 중에서 적절하다고 판단되는 방법을 사용한다. 시험물질의 감작유도를 증가시키기 위해 adjuvant를 사용할 수 있다.
7) 시험결과의 평가 : 동물의 피부반응을 각각의 시험법에 의거한 판정기준에 따라 평가한다.
8) 대표적인 방법으로 다음과 같은 방법이 있다.

(1) Adjuvant and Strip법
(2) Harber법

(3) Horio 법

(4) Jordan 법

(5) Kochever 법

(6) Maurer 법

(7) Morikawa 법

(8) Vinson법

7. 인체사용시험

1) 인체 첩포 시험 : 피부과 전문의 또는 연구소 및 병원, 기타 관련기관에서 5년 이상 해당 시험 경력을 가진 자의 지도하에 수행되어야 한다.

(1) 대상 : 30명 이상

(2) 투여 농도 및 용량 : 원료에 따라서 사용 시 농도를 고려해서 여러 단계의 농도와 용량을 설정하여 실시하는데, 완제품의 경우는 제품자체를 사용하여도 된다.

(3) 첩부 부위 : 사람의 상등부(정중선의 부분은 제외)또는 전완부등 인체사용시험을 평가하기에 적정한 부위를 폐쇄첩포한다.

(4) 관찰 : 원칙적으로 첩포 24시간 후에 patch를 제거하고 제거에 의한 일과성의 홍반의 소실을 기다려 관찰·판정한다.

(5) 시험결과 및 평가 : 홍반, 부종 등의 정도를 피부과 전문의 또는 이와 동등한 자가 판정하고 평가한다.

2) 인체 누적첩포시험 : 대표적인 방법으로 다음과 같은 방법이 있다.

(1) Shelanski and Shelanski 법

(2) Draize 법(Jordan modification)

(3) Kilgman의 Maximization 법

8. 유전독성시험

1) 박테리아를 이용한 복귀돌연변이시험

(1) 시험균주 : 아래 2 균주를 사용한다.

Salmonella typhimurium TA98(또는 TA1537), TA100(또는 TA1535)

(상기 균주 외의 균주를 사용할 경우 : 사유를 명기한다)

(2) 용량단계 : 5단계 이상을 설정하며 매 용량마다 2매 이상의 플레이트를 사용한다.

(3) 최고용량

① 비독성 시험물질은 원칙적으로 5mg/plate 또는 5㎕/plate 농도

③ 세포독성 시험물질은 복귀돌연변이체의 수 감소, 기본 성장균층의 무형성 또는 감소를 나타내는 세포독성 농도

(4) S9 mix를 첨가한 대사활성화법을 병행하여 수행한다.

(5) 대조군 : 대사활성계의 유·무에 관계없이 동시에 실시한 균주－특이적 양성 및 음성 대조물질을 포함한다.

(6) 결과의 판정 : 대사활성계 존재 유·무에 관계없이 최소 1개 균주에서 평판당 복귀된 집락수에 있어서 1개 이상의 농도에서 재현성 있는 증가를 나타낼 때 양성으로 판정한다.

2) 포유류 배양세포를 이용한 체외 염색체이상시험

(1) 시험세포주 : 사람 또는 포유동물의 초대 또는 계대배양세포를 사용한다.

(2) 용량단계 : 3단계 이상을 설정한다.

(3) 최고용량

① 비독성 시험물질은 5$\mu\ell$/ml, 5mg/ml 또는 10mM 상당의 농도

② 세포독성 시험물질은 집약적 세포 단층의 정도, 세포 수 또는 유사분열 지표에서의 50% 이상의 감소를 나타내는 농도.

(4) S9 mix를 첨가한 대사활성화법을 병행하여 수행한다.

(5) 염색체 표본은 시험물질 처리 후 적절한 시기에 제작한다.

(6) 염색체이상의 검색은 농도당 100개의 분열중기상에 대하여 염색체의 구조이상 및 숫적이상을 가진 세포의 출현빈도를 구한다.

(7) 대조군 : 대사활성계의 유·무에 관계없이 적합한 양성과 음성대조군들을 포함한다. 양성대조군은 알려진 염색체이상 유발 물질을 사용해야 한다.

(8) 결과의 판정 : 염색체이상을 가진 분열중기상의 수가 통계학적으로 유의성 있게 용량의존적으로 증가하거나, 하나 이상의 용량단계에서 재현성 있게 양성반응을 나타낼 경우를 양성으로 한다.

3) 설치류 조혈세포를 이용한 체내 소핵 시험

(1) 시험동물 : 마우스나 랫드를 사용한다.
일반적으로 1군당 성숙한 수컷 5마리를 사용하며 물질의 특성에 따라 암컷을 사용할 수 있다.

(2) 용량단계 : 3단계 이상으로 한다.

(3) 최고용량

① 더 높은 처리용량이 치사를 예상하게 하는 독성의 징후를 나타내는 용량

② 골수 혹은 말초혈액에서 전체 적혈구 가운데 미성숙 적혈구의 비율 감소를 나타내는 용량 시험물질의 특성에 따라 선정한다.

(4) 투여경로 : 복강투여 또는 기타 적용경로로 한다.

(5) 투여회수 : 1회 투여를 원칙으로 하며 필요에 따라 24시간 간격으로 2회 이상 연속투여한다.

(6) 대조군은 병행실시한 양성과 음성 대조군을 포함한다.

(7) 시험물질 투여 후 적절한 시기에 골수도말표본을 만든다.
개체당 1,000개의 다염성적혈구에서 소핵의 출현빈도를 계수한다. 동시에 전적혈구에 대한 다염성적혈구의 출현빈도를 구한다.

(8) 결과의 판정 : 소핵을 가진 다염성적혈구의 수가 통계학적으로 유의성 있게 용량 의존적으로 증가하거나, 하나 이상의 용량단계에서 재현성 있게 양성반응을 나타낼 경우를 양성으로 한다.

[별표 2] 기준 및 시험방법 작성요령

① 일반적으로 다음 각호의 사항에 유의하여 작성한다.

1. 기준 및 시험방법의 기재형식, 용어, 단위, 기호 등은 원칙적으로 「기능성화장품 기준 및 시험방법」(식품의약품안전처 고시)에 따른다.
2. 기준 및 시험방법에 기재할 항목은 원칙적으로 다음과 같으며, 원료 및 제형에 따라 불필요한 항목은 생략할 수 있다.

번 호	기재항목	원 료	제 제
1	명칭	○	×
2	구조식 또는 시성식	△	×
3	분자식 및 분자량	○	×
4	기원	△	△
5	함량기준	○	○
6	성상	○	○
7	확인시험	○	○
8	시성치	△	△
9	순도시험	○	△
10	건조감량, 강열감량 또는 수분	○	△
11	강열잔분, 회분 또는 산불용성회분	△	×
12	기능성시험	△	△
13	기타 시험	△	△
14	정량법(제제는 함량시험)	○	○
15	표준품 및 시약시액	△	△

※ 주 : ○ 원칙적으로 기재
△ 필요에 따라 기재
× 원칙적으로는 기재할 필요가 없음

—이하 생략—

[별표 3] 자외선 차단효과 측정방법 및 기준

제 1 장 통 칙

1. 이 기준은 「화장품법」 제4조의 규정에 의하여 피부를 곱게 태워주거나 자외선으로부터 피부를 보호하는데 도움을 주는 기능성화장품의 자외선차단지수와 자외선A차단효과의 측정방법 및 기준을 정한 것이다.
2. (자외선의 분류) 자외선은 200~290nm의 파장을 가진 자외선C(이하 UVC라 한다)와 290~320nm의 파장을 가진 자외선B(이하 UVB라 한다) 및 320~400nm의 파장을 가진 자외선A(이하 UVA라 한다)로 나눈다.
3. (용어의 정의) 이 기준에서 사용하는 용어의 정의는 다음과 같다.
   가. "자외선차단지수(Sun Protection Factor, SPF)"라 함은 UVB를 차단하는 제품의 차단효과를 나타내는 지수로서 자외선차단제품을 도포하여 얻은 최소홍반량을 자외선차단제품을 도포하지 않고 얻은 최소홍반량으로 나눈 값이다.
   나. "최소홍반량 (Minimum Erythema Dose, MED)"이라 함은 UVB를 사람의 피부에 조사한 후 16~24시간의 범위 내에, 조사영역의 전 영역에 홍반을 나타낼 수 있는 최소한의 자외선 조사량을 말한다.
   다. "최소지속형즉시흑화량(Minimal Persistent Pigment darkening Dose, MPPD)"이라 함은 UVA를 사람의 피부에 조사한 후 2~4시간의 범위 내에, 조사영역의 전 영역에 희미한 흑화가 인식되는 최소 자외선 조사량을 말한다.
   라. "자외선A차단지수(Protection Factor of UVA, PFA)"라 함은 UVA를 차단하는 제품의 차단효과를 나타내는 지수로 자외선A차단제품을 도포하여 얻은 최소지속형즉시흑화량을 자외선A차단제품을 도포하지 않고 얻은 최소지속형즉시흑화량으로 나눈 값이다.
   마. 자외선A 차단등급(Protection grade of UVA)"이라 함은 UVA 차단효과의 정도를 나타내며 약칭은 피·에이(PA)라 한다.

제 2 장 자외선차단지수(SPF) 측정방법

4. (피험자 선정) 피험자는 [부표 1]의 피험자 선정기준에 따라 제품당 10명 이상을 선정한다.
5. (시험부위) 시험은 피험자의 등에 한다. 시험부위는 피부손상, 과도한 털, 또는 색조에 특별히 차이가 있는 부분을 피하여 선택하여야 하고, 깨끗하고 마른 상태이어야 한다.
6. (시험 전 최소홍반량 측정) 피험자의 피부유형은 [부표 1]의 설문을 통하여 조사하고, 이를 바탕으로 예상되는 최소홍반량을 결정한다. 피험자의 등에 시험부위를 구획한 후 피험자가 편안한 자세를 취하도록 하여 자외선을 조사한다. 자외선을 조사하는 동안에 피험자가 움직이지 않도록 한다. 조사가 끝난 후 16~24시간 범위 내의 일정시간에 피험자의 홍반상태를 판정한다. 홍반은 충분히 밝은 광원 하에서 두 명 이상의 숙련된 사람이 판정한다. 전면에 홍반이 나타난 부위에 조사한 UVB의 광량 중 최소량을 최소홍반량으로 한다.
7. (제품 무도포 및 도포부위의 최소홍반량 측정) 피험자의 등에 무도포 부위, 표준시료 도포부

위와 제품 도포부위를 구획한다. 손가락에 고무재질의 골무를 끼고 표준시료와 제품을 해당량만큼 도포한다. 상온에서 15분간 방치하여 건조한 다음 제품 무도포부위의 최소홍반량 측정과 동일하게 측정한다. 홍반 판정은 제품 무도포부위의 최소홍반량 측정과 같은 날에 동일인이 판정한다.

8. (광원 선정) 광원은 다음 사항을 충족하는 인공광원을 사용하며, 아래의 조건이 항상 만족되도록 유지·점검한다.
   가. 태양광과 유사한 연속적인 방사스펙트럼을 갖고, 특정피크를 나타내지 않는 제논 아크램프(Xenon arc lamp)를 장착한 인공태양광조사기(solar simulator) 또는 이와 유사한 광원을 사용한다.
   나. 이때 290nm 이하의 파장은 적절한 필터를 이용하여 제거한다.
   다. 광원은 시험시간 동안 일정한 광량을 유지해야 한다.
9. (표준시료) 낮은 자외선차단지수(SPF20 미만)의 표준시료는 [부표 2]의 표준시료를 사용하고, 그 자외선차단지수는 4.47±1.28이다. 높은 자외선차단지수(SPF20 이상)의 표준시료는 [부표 3]의 표준시료를 사용하고, 그 자외선 차단지수는 15.5±3.0이다.
10. (제품 도포량) 도포량은 2.0mg/cm²으로 한다.
11. (제품 도포면적 및 조사부위의 구획) 제품 도포면적을 24cm² 이상으로 하여 0.5cm² 이상의 면적을 갖는 5개 이상의 조사부위를 구획한다. 구획방법의 예는 아래 그림과 같다.

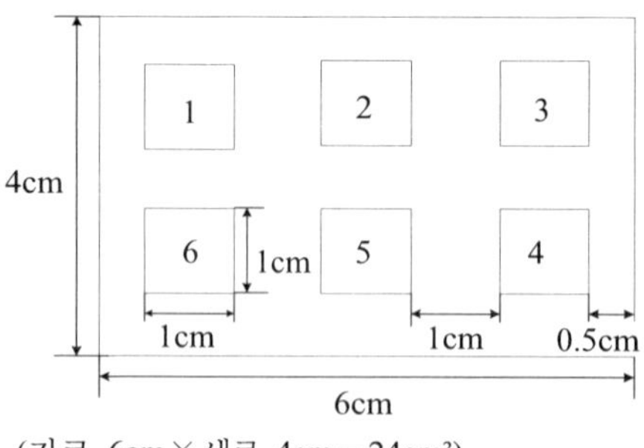

(가로 6cm×세로 4cm＝24cm²)

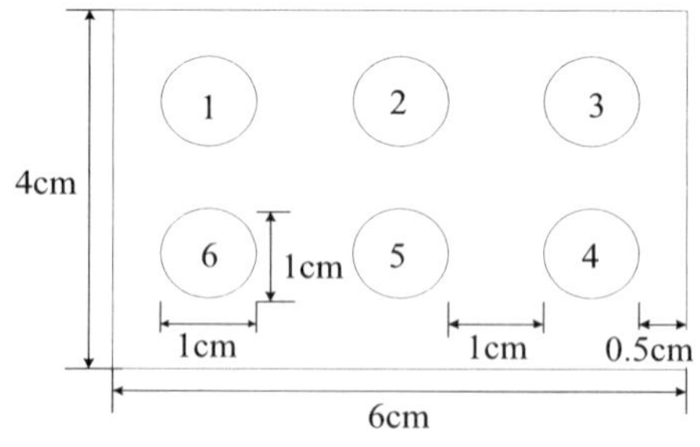

12. (광량증가) 각 조사부위의 광량은 최소홍반이 예상되는 부위가 중간(예 3 또는 4위치)이 되도록 조절하고 그에 따라 등비적(예상 자외선차단지수(SPF)가 20 미만인 경우 25% 이하, 20 이상 30 미만인 경우 15% 이하, 30 이상인 경우 10% 이하) 간격으로 광량을 증가시킨다. 예를 들어, 예상 자외선차단지수(SPF)가 25인 제품의 경우 최소 홍반이 예상되는 광량이 X라면 순차적으로 15%씩 광량을 증가시켜 0.76X, 0.87X, 1.00X, 1.15X, 1.32X, 1.52X가 되도록 광량을 증가시킨다.
13. (자외선차단지수 계산) 자외선차단지수(SPF)는 제품 무도포부위의 최소홍반량(MEDu)과 제품 도포부위의 최소홍반량(MEDp)를 구하고 다음 계산식에 따라 각 피험자의 자외선차단지수(SPFi)를 계산하여 그 산술평균값으로 한다. 자외선차단지수의 95% 신뢰구간은 자외선차단

지수(SPF)의 ±20% 이내이어야 한다. 다만 이 조건에 적합하지 않으면 표본수를 늘리거나 시험조건을 재설정하여 다시 시험한다.

- 각 피험자의 자외선 차단지수(SPFi) $= \dfrac{\text{제품도포 부위의 최소홍반량(MEDp)}}{\text{제품무도포 부위의 최소홍반량(MEDu)}}$
- 자외선 차단지수(SPF) $= \dfrac{\sum SPFi}{n}$ (n : 표본수)
- 95% 신뢰구간=(SPF－C)~(SPF＋C)
- C=t값× $= \dfrac{S}{\sqrt{n}}$ (S : 표준편차, t값 : 자유도)

▌t값

n	10	11	12	13	14	15	16	17	18	19	20
t 값	2.262	2.228	2.201	2.179	2.160	2.145	2.131	2.120	2.110	2.101	2.093

14. (자외선차단지수 표시방법) 자외선차단화장품의 자외선차단지수(SPF)는 자외선차단지수 계산 방법에 따라 얻어진 자외선차단지수(SPF) 값의 소수점 이하는 버리고 정수로 표시한다(예 SPF30).

제 3 장 내수성 자외선차단지수(SPF) 측정방법

1. 시험조건
   1) 시험은 시험에 영향을 줄 수 있는 직사광선을 차단할 수 있는 실내에서 이루어져야 한다.
   2) 욕조가 있는 실내와 물의 온도를 기록하여야 한다.
   3) 실내 습도를 기록하여야 한다.
   4) 물은 다음 사항을 만족하여야 한다.
      (1) 수도법 수질기준에 적합하여야 한다.
      (2) 물의 온도는 23~32℃ 이어야 한다.
   5) 욕조는 다음 사항을 만족하는 크기이어야 한다.
      (1) 피험자의 시험부위가 완전히 물에 잠길 수 있어야 한다.
      (2) 피험자의 등이 욕조 벽에 닿지 않으며 편하게 앉을 수 있어야 한다.
      (3) 물의 순환이나 공기의 분출 시 직접 피험자의 등에 닿지 않아야 한다.
      (4) 피험자의 적당한 움직임에 방해를 주지 않아야 한다.
   6) 물의 순환 또는 공기 분출 : 물의 순환이나 공기 분출을 통하여 전단력을 부여하여야 한다.
2. 시험방법 : 시험 예시-[부표 4]
   내수성 시험방법에 따른 자외선차단지수 및 내수성 자외선차단지수는 동일 실험실에서 동일 피험자를 대상으로 동일 기기를 사용하여 동일한 시험조건에서 측정되어야 한다.

1) [별표 3] 자외선 차단효과 측정방법 및 기준의 제2장 자외선차단지수(SPF) 측정방법에 따라 시험한다. 다만, 제품 도포 후 건조 및 침수방법은 아래와 같다.

2) 제품 도포 후 건조 : 제품을 도포한 후 제품에 기재된 건조시간만큼 자연 상태에서 건조한다. 따로, 건조 시간이 제품에 명기되어 있지 않는 경우에는 최소 15분 이상 자연 상태에서 건조한다.

3) 침수방법은 다음과 같이 실시한다. 다만, 입수할 때 제품의 도포부위가 물에 완전히 잠기도록 하고, 피험자의 등이 욕조 벽에 닿지 않으며 편하게 앉을 수 있어야 한다. 또한, 물의 순환이나 공기의 분출 시 직접 피험자의 등에 닿지 않아야 한다.

(1) 내수성 제품

① 20분간 입수한다.

② 20분간 물 밖에 나와 쉰다. 이 때 자연 건조되도록 하고 제품의 도포부위에 타월사용은 금지한다.

③ 20분간 입수한다.

④ 물 밖에 나와 완전히 마를 때까지 15분 이상 자연 건조한다.

(2) 지속내수성 제품

① 20분간 입수한다.

② 20분간 물 밖에 나와 쉰다. 이 때 자연 건조되도록 하고 제품의 도포부위에 타월사용은 금지한다.

③ 20분간 입수한다.

④ 20분간 물 밖에 나와 쉰다. 이 때 자연 건조되도록 하고 제품의 도포부위에 타월사용은 금지한다.

⑤ 20분간 입수한다.

⑥ 20분간 물 밖에 나와 쉰다. 이 때 자연 건조되도록 하고 제품의 도포부위에 타월사용은 금지한다.

⑦ 2분간 입수한다.

⑧ 물 밖에 나와 완전히 마를 때까지 15분 이상 자연 건조한다.

4) 이후 [별표 3] 자외선 차단효과 측정방법 및 기준의 제2장 자외선차단지수(SPF) 측정방법에 따라 최소홍반량 측정시험을 실시한다.

5) 계산

(1) 제2장 자외선차단지수(SPF) 측정방법의 자외선차단지수 계산에 따라 자외선차단지수 및 내수성 자외선차단지수를 구한다.

(2) 피험자 내수성 비(%)

$$\text{피험자 내수성 비(\%)} = \frac{(SPF_{\text{내}} - 1)}{(SPE - 1)} \times 100$$

$SPF_{\text{내}}$: 각 피험자의 내수성 자외선차단지수

SPF : 각 피험자의 자외선차단지수

(3) 평균 내수성비 : 평균 내수성비는 피험자 개개의 내수성비의 평균이다.

(4) 내수성비 신뢰구간 : 평균 내수성비 신뢰구간은 편 방향 95% 신뢰 구간으로 표시하며 계산은 다음과 같다.

$$\text{내수성비 신뢰구간}(\%) = \text{평균 내수성비}(\%) - \left(t\text{값} \times \frac{S}{\sqrt{n}}\right)$$

(S : 표준편차, n : 피시험자 수, t값 : 자유도)

▌t값

n	10	11	12	13	14	15	16	17	18	19	20
t값	1.833	1.812	1.796	1.782	1.771	1.761	1.753	1.746	1.740	1.734	1.729

6) 시험의 적합성 및 판정

(1) 시험의 적합성 : 자외선차단지수의 95% 신뢰구간은 자외선차단지수(SPF)의 ±20% 이내이어야 한다. 다만 이 조건에 적합하지 않으면 표본수를 늘리거나 시험조건을 재설정하여 다시 시험한다.

(2) 판정 : 내수성비 신뢰구간이 50% 이상일 때 내수성을 표방할 수 있다.

3. **내수성자외선차단지수 표시방법** : 내수성, 지속 내수성

제 4 장 자외선A차단지수 측정방법

1. (피험자 선정) 피험자는 [부표 5]의 피험자 선정기준에 따라 제품당 10명 이상을 선정한다.
2. (시험부위) 시험은 피험자의 등에 한다. 시험부위는 피부손상, 과도한 털, 또는 색조에 특별히 차이가 있는 부분을 피하여 선택하여야 하고, 깨끗하고 마른 상태이어야 한다.
3. (시험 전 최소지속형즉시흑화량 측정) 피험자의 피부유형은 [부표 1]의 설문을 통하여 조사하고, 피험자의 등에 시험부위를 구획한 후 피험자가 편안한 자세를 취하도록 하여 자외선을 조사한다. 자외선을 조사하는 동안에 피험자가 움직이지 않도록 한다. 조사가 끝난 후 2~4시간 범위 내의 일정 시간에 피험자의 흑화상태를 판정한다. 충분히 밝은 광원 하에서 두 명 이상의 숙련된 사람이 판정한다. 전면에 흑화가 나타난 부위에 조사한 자외선A의 광량 중 최소량을 최소지속형즉시흑화량으로 한다.
4. (제품 무도포 및 도포부위의 최소지속형즉시흑화량 측정) 피험자 등에 표준시료 도포부위와 제품 도포부위를 구획한다. 손가락에 고무재질의 골무를 끼고 표준시료 및 제품을 해당량만큼 도포한다. 상온에서 15분간 방치하여 건조한 다음 제품 무도포부위의 최소지속형즉시흑화량(MPPD) 측정과 동일하게 측정한다. 판정은 제품 무도포부위의 최소지속형즉시흑화량 측정과 같은 날에 동일인이 판정한다.

5. (광원의 선정) 광원은 다음 사항을 충족하는 인공광원을 사용하며, 아래의 조건이 항상 만족되도록 유지, 점검한다.
   1) UVA 범위에서 자외선은 태양광과 유사한 연속적인 스펙트럼을 가져야 한다. 또, UVA I(340~400nm)와 UVA II(320~340nm)의 비율은 태양광의 비율(자외선A II/총 자외선A =8~20%)과 유사해야 한다.
   2) 과도한 썬번(sun burn)을 피하기 위하여 파장 320nm 이하의 자외선은 적절한 필터를 이용하여 제거한다.
6. (표준시료) [부표 6]의 표준시료를 사용하고, 그 자외선 A 차단지수는 3.75±1.01이다.
7. (제품 도포량) 도포량은 2mg/cm²으로 한다.
8. (제품 도포면적 및 조사부위의 구획) 제품 도포면적을 24cm² 이상으로 하여 0.5cm² 이상의 면적을 갖는 5개 이상의 조사부위를 구획한다. 구획방법은 자외선차단지수 측정방법과 같다.
9. (광량증가) 각 조사부위의 광량은 최소지속형즉시흑화가 예상되는 부위가 중간(예 3 또는 4위치)이 되도록 조절하고 그에 따라 등비적 간격으로 광량을 증가시킨다. 증가 비율은 최대 25%로 한다. 예를 들어, 최소지속형즉시흑화가 예상되는 광량이 X라면 순차적으로 25%씩 광량을 증가시켜 0.64X, 0.80X, 1.00X, 1.25X, 1.56X, 1.95X가 되도록 광량을 증가시킨다.
10. (자외선A차단지수 계산) 자외선A차단지수(PFA)는 제품 무도포부위의 최소지속형즉시흑화량(MPPDu)과 제품 도포부위의 최소지속형즉시흑화량(MPPDp)을 구하고, 다음 계산식에 따라 각 피험자의 자외선A차단지수(PFAi)를 계산하여 그 산술평균값으로 한다. 이 때 자외선A차단지수(PFA)의 표준오차는 얻어진 자외선A차단지수(PFA) 값의 ±10% 이내이어야 한다. 다만, 이 조건에 적합하지 않으면 표본수를 늘리거나 시험조건을 재설정하여 다시 시험한다.

$$\text{각 피험자의 자외선 A차단지수(PFAi)} = \frac{\text{제품 도포부위의 최소지속형즉시흑화형(MPPDp)}}{\text{제품 무도포부위의 최소지속형즉시흑화형(MPPDu)}}$$

$$\text{자외선 A차단지수(PFA)} = \frac{\sum PFAi}{n} \quad (n : \text{표본수})$$

11. (자외선A차단등급 표시방법) 자외선차단화장품의 자외선A차단지수는 자외선A차단지수 계산방법에 따라 얻어진 자외선A차단지수(PFA) 값의 소수점 이하는 버리고 정수로 표시한다. 그 값이 2 이상이면 다음 표와 같이 자외선A차단등급을 표시한다. 표시기재는 자외선차단지수와 병행하여 표시할 수 있다(예 SPF30, PA+).

▌자외선A차단등급 분류

자외선A차단지수(PFA)	자외선A차단등급(PA)	자외선A차단효과
2 이상 4 미만	PA+	있음
4 이상 8 미만	PA++	많이 있음
8 이상	PA+++	매우 많이 있음

[부표 1] 자외선차단지수 측정방법의 피험자 선정기준

피부질환이 없는 18세 이상 60세 이하의 신체 건강한 남녀로서 다음 피험자 선정을 위한 설문지 양식을 통하여 질문을 하고 아래 Fitzpatrick의 피부유형 분류 기준표에 따라 피부유형 Ⅰ, Ⅱ, Ⅲ형에 해당되는 사람을 선정한다. 다만, 자외선 조사에 의한 이상반응이나, 화장품에 의한 알러지 반응을 보인 적이 있는 사람, 광감수성과 관련 있는 약물(항염증제, 혈압강하제 등)을 복용하는 사람은 제외한다.

Fitzpatrick의 피부유형 분류 기준표

유 형	설 명	MED(mJ/cm²)
Ⅰ	항상 쉽게(매우 심하게) 붉어지고, 거의 검게 되지 않는다.	2～30
Ⅱ	쉽게(심하게) 붉어지고, 약간 검게 된다.	25～35
Ⅲ	보통으로 붉어지고, 중간 정도로 검게 된다.	30～50
Ⅳ	그다지 붉어지지 않고, 쉽게 검게 된다.	45～60
Ⅴ	거의 붉게 되지 않고, 매우 검게 된다.	60～80
Ⅵ	전혀 붉게 되지 않고 매우 검게 된다.	85～200

피험자 선정을 위한 설문지

이름 :　　　　　나이 :　　　　　성별 :　남　　여

1) 최근 1년간 병원에 간 일이 있습니까? 예, 아니오
예에 답한 사람은 병원에 간 이유 혹은 병명을 다음에 쓰고, 아래의 모든 질문에 답해주세요.
아니요에 답한 사람은 3) 이후의 질문에 답해 주세요.

2) 의사로부터 생활의 제한을 받는 일이 있습니까? 예, 아니오
있다면 그 이유를 적어 주시기 바랍니다.

3) 지금까지 태양광선(일광)에 의해 심한 증상이 나타난 적이 있습니까? 예, 아니오
있다면 언제, 어디서, 어떤 증상이 나왔는지 적어주시기 바랍니다.

4) 민감피부입니까? 예, 아니오
예의 경우는 그렇게 생각하는 이유를 적어 주시기 바랍니다.

5) 피부질환 치료를 위한 피부외용제를 사용하고 있습니까? 예, 아니오
있다면, 약의 이름과 어떤 부위에 사용하고 있는지 적어 주시기 바랍니다.

6) 피부질환 치료를 위한 내복약을 사용한 적이 있습니까? 예, 아니오
있다면, 복용 이유를 적어주시기 바랍니다.

7) 여성만 답해주세요. 임신 중 혹은 수유 중입니까? 예, 아니오

8) 태양에 노출되지 않고 겨울철을 지낸 후에, 자외선차단제를 바르지 않고 30～45분 정도 태양에 처음 노출된 후의 피부 상태에 대하여 답해주세요.

Ⅰ. 항상 쉽게(매우 심하게) 붉어지고, 거의 검게 되지 않는다.
Ⅱ. 쉽게(심하게) 붉어지고, 약간 검게 된다.
Ⅲ. 보통으로 붉어지고, 중간 정도로 검게 된다.
Ⅳ. 그다지 붉어지지 않고, 쉽게 검게 된다.
Ⅴ. 거의 붉게 되지 않고, 매우 검게 된다.
Ⅵ. 전혀 붉게 되지 않고 매우 검게 된다.

[부표 2] 낮은 자외선차단지수의 표준시료 제조방법

▌처방 : 8% 호모살레이트

	성 분	분 량(%)
A	라놀린(Lanoline)	5.00
	호모살레이트(Homosalate)	8.00
	백색페트롤라툼(White Petrolatum)	2.50
	스테아릭애씨드(Stearic acid)	4.00
	프로필파라벤(Propylparaben)	0.05
B	메칠파라벤(Methylparaben)	0.10
	디소듐이디티에이(Disodium EDTA)	0.05
	프로필렌글라이콜(Propylene glycol)	5.00
	트리에탄올아민(Triethanolamine)	1.00
	정제수(Purified water)	74.30

제조방법 A와 B의 각 성분의 무게를 달아 A와 B를 각각 따로 77～82℃로 가열하면서 각각의 성분이 완전히 녹을 때까지 교반한다. A를 천천히 B에 넣으면서 유화가 형성될 때까지 계속하여 교반한다. 계속 교반하면서 상온(15～30℃)까지 냉각한다. 총량이 100g이 되도록 정제수로 채운 후 잘 섞는다.

저장방법 및 사용기한 20℃ 이하에서 보관하고 제조 후 1년 이내에 사용한다.

[부표 3] 높은 자외선차단지수의 표준시료 제조방법

▌처 방

	성 분	분 량(%)
A	세테아릴알코올 · 피이지－40캐스터오일 · 소듐세테아릴설페이트(Cetearyl Alcohol (and) PEG－40 Caster Oil (and) Sodium Cetearyl Sulfate)	3.15
	데실올리에이트(Decyl oleate)	15.00
	에칠헥실메톡시신나메이트(Ethylhexyl Methoxycinnamate)	3.00
	부틸메톡시디벤조일메탄(Butyl methoxydibenzoylmethane)	0.50
	프로필파라벤(Propylparaben)	0.10
B	정제수(Purified water)	53.57
	페닐벤즈이미다졸설포닉애씨드(Phenylbenzimidazole Sulfonic Acid)	2.78
	45% 소듐하이드록사이드액[Sodium hydroxide (45% solution)]	0.90
	메칠파라벤(Methylparaben)	0.30
	디소듐이디티에이(Disodium EDTA)	0.10
C	정제수(Purified water)	20.00
	카보머 934P(Carbomer 934P)	0.30
	45% 소듐하이드록사이드액(Sodium hydroxide (45% solution))	0.30

제조방법 A의 각 성분의 무게를 달아 정제수에 넣고 75～80℃까지 가열한다. B의 각 성분의 무게를 달아 정제수에 넣어 80℃까지 가열하고, 가능하면 맑은 액이 될 때까지 끓인 후 75～80℃까지 식힌다. C의 각 성분의 무게를 달아 정제수에 카보머 934P를 분산시킨 후 45% 소듐하이드록사이드액으로 중화한다. B를 교반하면서 A를 넣고 이 혼합액을 교반하면서 C를 넣고 3분간 균질화시킨다. 소듐하이드록사이드 또는 젖산을 가지고 pH를 7.8～8.0으로 조정하고 상온까지 냉각한다. 총량이 100g이 되도록 정제수로 채운 후 잘 섞는다.

저장방법 및 사용기한20℃ 이하에서 보관하고 제조 후 1년 이내에 사용한다.

[부표 4] 내수성 자외선차단지수(SPF) 시험방법 예시

1. 1일째
   가. 무도포 부위의 최소홍반량 (MEDu)을 결정한다.
   나. 제품을 자외선차단지수 측정부위에 도포한다.
   다. 상온에서 15분 이상 방치하여 건조한다.
   라. [별표 3] 자외선차단효과 측정방법 및 기준의 제2장 자외선차단지수(SPF) 측정방법에 따라 무도포 및 제품 도포 부위에 광을 조사한다.

2. 2일째
   가. 무도포 및 제품 도포 부위의 최소홍반량을 결정한다.
   나. 제2장 자외선차단지수(SPF) 측정방법에 따라 자외선차단지수를 구한다.
   다. 제품을 내수성 자외선차단지수 측정부위에 도포한다.
   라. 상온에서 15분 이상 방치하여 건조한다.
   마. [별표 3] 자외선차단효과 측정방법 및 기준의 제3장 내수성 자외선차단지수(SPF) 측정방법
   바. 시험방법에 따라 입수와 건조를 반복한 후 건조한다.
   사. [별표 3] 자외선차단효과 측정방법 및 기준의 제2장 자외선차단지수(SPF) 측정방법에 따라 제품 도포 부위에 광을 조사한다.

3. 3일째
   가. 제품 도포 부위의 최소홍반량을 결정한다.
   나. 2일째 결정된 무도포 부위의 최소홍반량을 이용하여 [별표 3] 자외선차단효과 측정방법 및 기준의 제2장 자외선차단지수(SPF) 측정방법 중 자외선차단지수 계산에 따라 내수성 자외선차단지수를 구한다.

[부표 5] 자외선A차단지수 측정방법의 피험자 선정기준

[부표 1]의 피험자 선정기준에 따른다. 다만, [부표1]의 Fitzpatrick의 피부유형 분류기준표의 유형 Ⅱ, Ⅲ, Ⅳ에 해당되는 사람을 선정한다.

[부표 6] 자외선A차단지수의 표준시료 제조방법

▌처방 : 5%의 부틸메톡시디벤조일메탄과 3% 에칠헥실메톡시신나메이트를 함유한 크림

	성 분	분 량(%)
A	정제수(Purified water)	57.13
	디프로필렌글라이콜(Dipropylene glycol)	5.00
	포타슘하이드록사이드(Potassium Hydroxide)	0.12
	트리소듐이디티에이(Trisodium EDTA)	0.05
	페녹시에탄올(Phenoxyethanol)	0.30
B	스테아릭애씨드(Stearic acid)	3.00
	글리세릴스테아레이트SE(Glyceryl Monostearate, selfemulsifying)	3.00
	세테아릴알코올(Cetearyl Alcohol)	5.00
	페트롤라툼(Petrolatum)	3.00
	트리에칠헥사노인(Triethylhexanoin)	15.0
	에칠헥실메톡시신나메이트(Ethylhexyl Methoxycinnamate)	3.00
	부틸메톡시디벤조일메탄(Butylmethoxydibenzoylmethane)	5.00
	에칠파라벤(Ethylparaben)	0.20
	메칠파라벤(Methylparaben)	0.20

제조방법 A의 각 성분의 무게를 달아 정제수에 넣어 용액을 70℃로 가열하여 녹인다. B의 각 성분들의 무게를 달아 70℃로 가열하여 완전히 녹인다. A에 B를 넣어 혼합물을 유화하고, 호모게나이저(homogenizer) 등을 가지고 유화된 입자의 크기를 조절한다. 유화된 액을 냉각하여 표준시료로 한다.

[별표 4] 자료제출이 생략되는 기능성화장품의 종류(제6조제3항 관련)

1. 피부를 곱게 태워주거나 자외선으로부터 피부를 보호하는데 도움을 주는 제품의 성분 및 함량 (「화장품법 시행규칙」[별표 3] Ⅰ. 화장품의 유형(의약외품은 제외한다) 중 영·유아용 제품류 중 로션, 크림 및 오일, 기초화장용 제품류, 색조화장용 제품류에 한함)

연 번	성분명	함 량
1	<삭 제>	<삭 제>
2	드로메트리졸	0.5% ~ 7%
3	디갈로일트리올리에이트	0.5% ~ 5%
4	4-메칠벤질리덴캠퍼	0.5% ~ 4%
5	멘틸안트라닐레이트	0.5% ~ 5%
6	벤조페논-3	0.5% ~ 5%
7	벤조페논-4	0.5% ~ 5%
8	벤조페논-8	0.5% ~ 3%
9	부틸메톡시디벤조일메탄	0.5% ~ 5%
10	시녹세이트	0.5% ~ 5%
11	에칠헥실트리아존	0.5% ~ 5%
12	옥토크릴렌	0.5% ~ 10%
13	에칠헥실디메칠파바	0.5% ~ 8%
14	에칠헥실메톡시신나메이트	0.5% ~ 7.5%
15	에칠헥실살리실레이트	0.5% ~ 5%
16	<삭 제>	<삭 제>
17	페닐벤즈이미다졸설포닉애씨드	0.5% ~ 4%
18	호모살레이트	0.5% ~ 10%
19	징크옥사이드	25%(자외선차단성분으로 최대함량)
20	티타늄디옥사이드	25%(자외선차단성분으로 최대함량)
21	이소아밀p-메톡시신나메이트	10%(최대함량)
22	비스-에칠헥실옥시페놀메톡시페닐트리아진	10%(최대함량)
23	디소듐페닐디벤즈이미다졸테트라설포네이트	산으로 10%(최대함량)
24	드로메트리졸트리실록산	15%(최대함량)
25	디에칠헥실부타미도트리아존	10%(최대함량)

26	폴리실리콘－15(디메치코디에칠벤잘말로네이트)	10%(최대함량)
27	메칠렌비스－벤조트리아졸릴테트라메칠부틸페놀	10%(최대함량)
28	테레프탈릴리덴디캠퍼설포닉애씨드 및 그 염류	산으로 10%(최대함량)
29	디에칠아미노하이드록시벤조일헥실벤조에이트	10%(최대함량)

2. 피부의 미백에 도움을 주는 제품의 성분 및 함량

(제형은 로션제, 액제, 크림제 및 침적 마스크에 한하며, 제품의 효능·효과는 "피부의 미백에 도움을 준다"로, 용법·용량은 "본품 적당량을 취해 피부에 골고루 펴 바른다. 또는 본품을 피부에 붙이고 10 ~ 20분 후 지지체를 제거한 다음 남은 제품을 골고루 펴 바른다(침적 마스크에 한함)"로 제한함.)

연 번	성분명	함 량
1	닥나무추출물	2%
2	알부틴	2 ~ 5%
3	에칠아스코빌에텔	1 ~ 2%
4	유용성감초추출물	0.05%
5	아스코빌글루코사이드	2%
6	마그네슘아스코빌포스페이트	3%
7	나이아신아마이드	2 ~ 5%
8	알파－비사보롤	0.5%
9	아스코빌테트라이소팔미테이트	2%

3. 피부의 주름개선에 도움을 주는 제품의 성분 및 함량

(제형은 로션제, 액제, 크림제 및 침적 마스크에 한하며, 제품의 효능·효과는 "피부의 주름개선에 도움을 준다"로, 용법·용량은 "본품 적당량을 취해 피부에 골고루 펴 바른다. 또는 본품을 피부에 붙이고 10 ~ 20분 후 지지체를 제거한 다음 남은 제품을 골고루 펴 바른다(침적 마스크에 한함)"로 제한함)

연 번	성분명	함 량
1	레티놀	2,500IU/g
2	레티닐팔미테이트	10,000IU/g
3	아데노신	0.04%
4	폴리에톡실레이티드레틴아마이드	0.05 ~ 0.2%

4. 기능성화장품 기준 및 시험방법

[시행 2015.3.25.] [식품의약품안전처고시 제2015-15호, 2015.3.25., 일부개정]
식품의약품안전처(화장품정책과), 043-719-3408

제1조【목적】 이 고시는 「화장품법」 제4조제1항 및 같은 법 시행규칙 제9조제1항, 제10조제1항에 따른 기능성화장품 품질기준에 관한 세부사항(이하 "세부사항"이라 한다)을 정함을 목적으로 한다.

제2조【세부사항의 구분】 세부사항은 다음 각 호와 같이 정한다.

1. 통칙은 별표 1과 같다.
2. 피부의 미백에 도움을 주는 기능성화장품 각조는 별표 2와 같다.
3. 피부의 주름개선에 도움을 주는 기능성화장품 각조는 별표 3과 같다.
4. 자외선으로부터 피부를 보호하는데 도움을 주는 기능성화장품 각조는 별표4와 같다.
5. 피부의 미백 및 주름개선에 도움을 주는 기능성화장품 각조는 별표 5와 같다.
6. 일반시험법은 별표 6과 같다.

제3조【재검토기한】 「훈령·예규 등의 발령 및 관리에 관한 규정」(대통령훈령 제334호)에 따라 이 고시 발령 후의 법령이나 현실여건의 변화 등을 검토하여 이 고시의 폐지, 개정 등의 조치를 하여야 하는 기한은 2018년 8월 24일까지로 한다.

부 칙 〈제2012-51호, 2012.8.22.〉

제1조【시행일】 이 고시는 고시한 날부터 시행한다.

제2조【적용례】 이 고시는 고시 시행 후 최초로 제조업자가 제조하거나 제조판매업자가 수입(선적일을 기준으로 한다)하는 기능성화장품부터 적용한다.

제3조【경과조치】 ① 이 고시 시행 당시 이미 식품의약품안전청장에게 접수된 기능성화장품(변경)심사의뢰서는 종전의 고시에 따른다.

② 이 고시 시행 당시 종전 규정에 따라 심사받은 기능성화장품의 별첨규격과 기준 및 시험방법에서 "장원기 일반시험법" 및 "화장품 기준 및 시험방법(식약청 고시)"을 인용하고 있는 경우, 이를 각각 "기능성화장품 기준 및 시험방법(식약청 고시) 일반시험법 Ⅵ-1. 원료" 및 "기능성화장품 기준 및 시험방법 (식약청 고시) 일반시험법 Ⅵ-2. 제제"를 인용한 것으로 본다.

제4조【삭제】 <2015.3.25.>

부 칙〈제2012-89호, 2012.8.24.〉

(재검토기한 재설정을 위한 건강기능식품 표시 및 광고 심의기준 일부 개정)

이 고시는 고시한 날부터 시행한다.

부 칙〈제2013-28호, 2013.4.5.〉

(정부조직개편에 따른 소관명칭 변경을 위한 민원의 전자적 신청 및 처리에 관한 규정 등 일부개정)

제1조【시행일】 이 고시는 고시한 날로부터 시행한다.

부 칙〈제2015-15호, 2015.3.25.〉

제1조【시행일】 이 고시는 고시한 날부터 시행한다.

제2조【적용례】 ① 이 고시는 고시 시행 후 최초로 식품의약품안전평가원장에게 제출되는 기능성화장품 심사의뢰서(변경을 포함한다) 또는 보고서부터 적용한다.

② 제1항에도 불구하고 이 고시 시행 당시 종전의 규정에 따라 식품의약품안전평가원장에게 기능성화장품 심사의뢰서(변경을 포함한다) 또는 보고서를 제출한 경우에도 개정규정을 적용한다.

제3조【경과조치】 이 고시 시행 당시 종전의 규정에 따라 기능성화장품으로 심사받거나 보고서를 제출한 품목은 이 고시에 따라 심사받거나 보고받은 것으로 본다.

[별표 1]

Ⅰ. 통 칙(제2조제1호 관련)

1. 이 고시는 「화장품법」 제4조제1항 및 「화장품법 시행규칙」 제9조제1항에 따라 기능성화장품 심사를 받기 위하여 자료를 제출하고자 하는 경우, 기준 및 시험방법에 관한 자료 제출을 면제할 수 있는 범위를 정함을 목적으로 한다.
2. 이 고시의 영문명칭은 「Korean Functional Cosmetics Codex」라 하고, 줄여서 「KFCC」라 할 수 있다.
3. 이 고시에 수재되어 있는 기능성화장품의 적부는 각조의 규정, 통칙 및 일반시험법의 규정에 따라 판정한다.
4. 제제를 만들 경우에는 따로 규정이 없는 한 그 보존 중 성상 및 품질의 기준을 확보하고 그 유용성을 높이기 위하여 부형제, 안정제, 보존제, 완충제 등 적당한 첨가제를 넣을 수 있다. 다만, 첨가제는 해당 제제의 안전성에 영향을 주지 않아야 하며, 또한 기능을 변하게 하거나 시험에 영향을 주어서는 아니된다.
5. 이 고시에서 규정하는 시험방법 외에 정확도와 정밀도가 높고 그 결과를 신뢰할 수 있는 다른 시험방법이 있는 경우에는 그 시험방법을 쓸 수 있다. 다만 그 결과에 대하여 의심이 있을 때에는 규정하는 방법으로 최종의 판정을 실시한다.
6. 이 고시에 수재되어 있는 로션제, 액제, 크림제의 정의는 다음과 같다.
   가. 로션제란 유화제 등을 넣어 유성성분과 수성성분을 균질화하여 점액상으로 만든 것을 말한다.
   나. 액제란 화장품에 사용되는 성분을 용제 등에 녹여서 액상으로 만든 것을 말한다.
   다. 크림제란 유화제 등을 넣어 유성성분과 수성성분을 균질화하여 반고형상으로 만든 것을 말한다.
7. 「밀폐용기」라 함은 일상의 취급 또는 보통 보존상태에서 외부로부터 고형의 이물이 들어가는 것을 방지하고 고형의 내용물이 손실되지 않도록 보호할 수 있는 용기를 말한다. 밀폐용기로 규정되어 있는 경우에는 기밀용기도 쓸 수 있다.
8. 「기밀용기」라 함은 일상의 취급 또는 보통 보존상태에서 액상 또는 고형의 이물 또는 수분이 침입하지 않고 내용물을 손실, 풍화, 조해 또는 증발로부터 보호할 수 있는 용기를 말한다. 기밀용기로 규정되어 있는 경우에는 밀봉용기도 쓸 수 있다.
9. 「밀봉용기」라 함은 일상의 취급 또는 보통의 보존상태에서 기체 또는 미생물이 침입할 염려가 없는 용기를 말한다.
10. 「차광용기」라 함은 광선의 투과를 방지하는 용기 또는 투과를 방지하는 포장을 한 용기를 말한다.
11. 물질명 다음에 ( ) 또는 [ ] 중에 분자식을 기재한 것은 화학적 순수물질을 뜻한다. 분자량은 국제원자량표에 따라 계산하여 소수점 이하 셋째 자리에서 반올림하여 둘째 자리까지 표시한다.
12. 이 기준의 주된 계량의 단위에 대하여는 다음의 기호를 쓴다.

미터	m	데시미터	dm
센터미터	cm	밀리미터	mm
마이크로미터	μ m	나노미터	nm
킬로그람	kg	그람	g
밀리그람	mg	마이크로그람	μ g
나노그람	ng	리터	L
밀리리터	mL	마이크로리터	μ L
평방센티미터	cm^2	수은주밀리미터	mmHg
센티스톡스	cs	센티포아스	cps
노르말(규정)	N	몰	M 또는 mol.
질량백분율	%	질량대용량백분율	w/v%
용량백분율	vol%	용량대질량백분율	v/w%
질량백만분율	ppm	피에이치	pH
섭씨 도	℃		

13. 시험 또는 저장할 때의 온도는 원칙적으로 구체적인 수치를 기재한다. 다만, 표준온도는 20℃, 상온은 15 ~ 25℃, 실온은 1 ~ 30℃, 미온은 30 ~ 40℃로 한다. 냉소는 따로 규정이 없는 한 1 ~ 15℃ 이하의 곳을 말하며. 냉수는 10℃ 이하, 미온탕은 30 ~ 40℃, 온탕은 60 ~ 70℃, 열탕은 약 100℃의 물을 뜻한다.
    가열한 용매 또는 열용매라 함은 그 용매의 비점 부근의 온도로 가열한 것을 뜻하며 가온한 용매 또는 온용매라 함은 보통 60 ~ 70℃로 가온한 것을 뜻한다. 수욕상 또는 수욕 중에서 가열한다라 함은 따로 규정이 없는 한 끓인 수욕 또는 100℃의 증기욕을 써서 가열하는 것이다. 보통 냉침은 15 ~ 25℃, 온침은 35 ~ 45℃에서 실시한다.
14. 통칙 및 일반시험법에 쓰이는 시약, 시액, 표준액, 용량분석용표준액, 계량기 및 용기는 따로 규정이 없는 한 일반시험법에서 규정하는 것을 쓴다. 또한 시험에 쓰는 물은 따로 규정이 없는 한 정제수로 한다.
15. 용질명 다음에 용액이라 기재하고, 그 용제를 밝히지 않은 것은 수용액을 말한다.
16. 용액의 농도를 (1 → 5), (1 → 10), (1 → 100) 등으로 기재한 것은 고체물질 1g 또는 액상물질 1mL를 용제에 녹여 전체량을 각각 5mL, 10mL, 100mL 등으로 하는 비율을 나타낸 것이다. 또 혼합액을 (1 : 10) 또는 (5 : 3 : 1) 등으로 나타낸 것은 액상물질의 1용량과 10용량과의 혼합액, 5용량과 3용량과 1용량과의 혼합액을 나타낸다.
17. 시험은 따로 규정이 없는 한 상온에서 실시하고 조작 직후 그 결과를 관찰하는 것으로 한다. 다만 온도의 영향이 있는 것의 판정은 표준온도에 있어서의 상태를 기준으로 한다.
18. 따로 규정이 없는 한 일반시험법에 규정되어 있는 시약을 쓰고 시험에 쓰는 물은 「정제수」이다.

19. 액성을 산성, 알칼리성 또는 중성으로 나타낸 것은 따로 규정이 없는 한 리트머스지를 써서 검사한다. 액성을 구체적으로 표시할 때에는 pH값을 쓴다. 또한, 미산성, 약산성, 강산성, 미알칼리성, 약알칼리성, 강알칼리성 등으로 기재한 것은 산성 또는 알칼리성의 정도의 개략(槪略)을 뜻하는 것으로 pH의 범위는 다음과 같다.

▌pH의 범위

미산성	약 5～약 6.5	미알칼리성	약 7.5～약 9
약산성	약 3～약 5	약알칼리성	약 9～약 11
강산성	약 3 이하	강알칼리성	약 11 이상

20. 질량을 「정밀하게 단다」라 함은 달아야 할 최소 자리수를 고려하여 0.1mg, 0.01mg 또는 0.001mg까지 단다는 것을 말한다. 또 질량을 「정확하게 단다」라 함은 지시된 수치의 질량을 그 자리수까지 단다는 것을 말한다.
21. 시험할 때 n자리의 수치를 얻으려면 보통 (n+1)자리까지 수치를 구하고 (n+1)자리의 수치를 반올림한다.
22. 시험조작을 할때 「직후」 또는 「곧」이란 보통 앞의 조작이 종료된 다음 30초 이내에 다음 조작을 시작하는 것을 말한다.
23. 시험에서 용질이 「용매에 녹는다 또는 섞인다」라 함은 투명하게 녹거나 임의의 비율로 투명하게 섞이는 것을 말하며 섬유 등을 볼 수 없거나 있더라도 매우 적다.
24. 검체의 채취량에 있어서 「약」이라고 붙인 것은 기재된 양의 ±10%의 범위를 뜻한다.

[별표 2]

Ⅱ. 피부의 미백에 도움을 주는 기능성화장품 각조(제2조제2호관련)

나이아신아마이드(Niacinamide)

$C_6H_6N_2O$: 122.13

이 원료를 건조한 것은 정량할 때 나이아신아마이드($C_6H_6N_2O$) 98.0% 이상을 함유한다.

성　　상　이 원료는 백색의 결정 또는 결정성 가루로 냄새는 없다.

－이하 생략－

나이아신아마이드 로션제(Niacinamide Lotion)

－이하 생략－

나이아신아마이드 액제(Niacinamide Solution)

－이하 생략－

나이아신아마이드 크림제(Niacinamide Cream)

－이하 생략－

나이아신아마이드 침적 마스크(Niacinamide Soaked Mask)

－이하 생략－

닥나무추출물(Broussonetia Extract)

이 원료는 닥나무 Broussonetia kazinoki 및 동속식물(뽕나무과 Moraceae)의 줄기 또는 뿌리를 에탄올 및 에칠 아세테이트로 추출하여 얻은 가루 또는 그 가루의 2w/v% 부틸렌글리콜 용액이다. 이 원료에 대하여 기능성 시험을 할 때 타이로시네이즈 억제율은 48.5～84.1%이다.

제　　법　이 원료는 닥나무 및 동속식물의 줄기 또는 뿌리에 약 2배 용량의 에탄올을 넣어 1～3주간 침적시키고 여과하여 얻은 여액에 이 액의 약 1%에 해당하는 활성탄을 넣어 잘 섞은 다음 여과한다. 이 여액을 취하여 농축하고 여기에 에칠아세테이트을 넣어 잘 흔들어 섞은 다음 에칠아세테이트 층을 취하여 감압 건고하여 얻은 가루 또는 이 가루를 부틸렌글리콜에 녹여 2w/v% 용액으로 한 것이다.

성　　상　이 원료는 엷은 황색～황갈색의 점성이 있는 액 또는 황갈색～암갈색의 결정성 가루로 약간의 특이한 냄새가 있다.

확인시험　액의 경우에는 이 원료 2g에 부틸렌글리콜을 넣어 500mL로 한 액을 검액으로 한다. 가루의 경우에는 이 원료 1g에 부틸렌글리콜을 넣어 녹여 100mL로 한 액 1mL를 취하여 부틸렌글리콜을 넣어 100mL로 한 액을 검액으로 한다. 검액을 가지고 흡광도측정법에 따라 흡수스펙트럼을 측정할 때 파장 283±2nm에서 흡수극대를 나타낸다.

pH 2.7 ~ 4.7 (1 → 100)

1. 순도시험

1) 중금속 : 이 원료 1.0g을 달아 제2법에 따라 조작하여 시험한다. 비교액에는 납표준액 2.0mL를 넣는다(20ppm 이하).

2) 비소 : 이 원료 1.0g을 달아 제3법에 따라 검액을 만들고 장치 C를 쓰는 방법에 따라 시험한다(2ppm 이하).

2. 기능성시험

이 원료의 가루로서 50mg에 해당하는 양을 달아 에탄올을 넣어 녹여 100mL로 한 액 10mL을 취하여 에탄올을 넣어 100mL로 한 액을 검액으로 한다. 완충액 1) 500㎕에 기질액 2) 500㎕, 물 450㎕ 및 검액 50㎕를 넣어 섞고, 효소액 3) 50㎕를 넣어 흔들어 섞어 37℃에서 10분간 반응시키고 곧 얼음 중에 5분간 방치한 다음, 완충액 1) 500㎕, 물 950㎕ 및 에탄올 50㎕를 넣어 검액과 같은 방법으로 조작하여 얻은 액을 대조액으로 하여 파장 475nm에서 흡광도 B를 측정한다. 따로 검액 대신 에탄올 50㎕을 가지고 검액과 같은 방법으로 조작하여 얻은 액을 공시험액으로 하여 그 흡광도 A를 측정하며, 효소액 대신 물 50㎕를 넣어 검액과 같은 방법으로 조작하여 얻은 액을 색보정액으로 하여 그 흡광도 C를 측정하고 다음 식에 따라 타이로시네이즈 억제율(%)을 구한다.

$$\text{타이로시네이즈 억제율(\%)} = \frac{A-(B-C)}{A} \times 100$$

A : 공시험액에서 얻은 흡광도

B : 검액에서 얻은 흡광도

C : 색보정액에서 얻은 흡광도

1) 완충액 : 0.1M 인산이수소칼륨액을 pH 6.8이 되도록 2M 수산화나트륨액으로 조정한다.

2) 기질액 : 타이로신 표준품 3mg에 물을 넣어 녹여 10mL로 한다.

3) 효소액 : 머쉬룸타이로시네이즈(Mushroom Tyrosinase, 표준품)를 완충액에 녹여 2units/㎕가 되도록 만든다.

아스코빌글루코사이드(Ascobyl Glucoside)

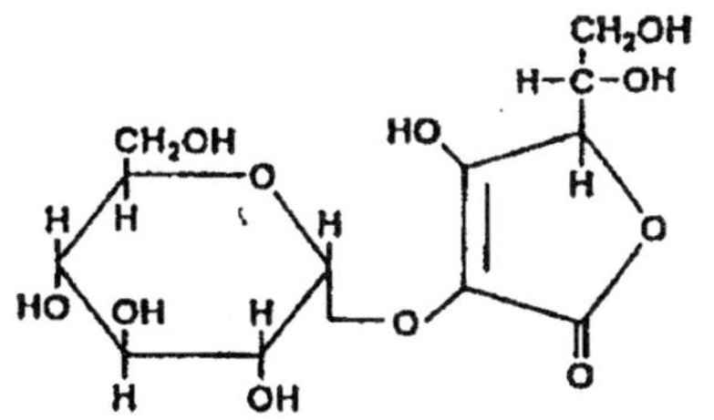

아스코빅애씨드 2-글루코사이드(Ascorbic Acid 2-Glucoside)

$C_{12}H_{18}O_{11}$: 338.27

이 원료는 정량할 때 아스코빌글루코사이드($C_{12}H_{18}O_{11}$: 338.27) 98.0% 이상을 함유한다.
성 상 이 원료는 백색~미황색의 가루 또는 결정성 가루이다.

-이하 생략-

아스코빌글루코사이드 로션제(Ascorbyl Glucoside Lotion)

-이하 생략-

아스코빌글루코사이드 액제(Ascorbyl Glucoside Solution)

-이하 생략-

아스코빌글루코사이드 크림제(Ascorbyl Glucoside Cream)

-이하 생략-

아스코빌글루코사이드 침적 마스크(Ascorbyl Glucoside Soaked Mask)

-이하 생략-

아스코빌테트라이소팔미테이트(Ascorbyl Tetraisopalmitate)

테트라이소팔미틴산아스코빌

2,3,5,6-O-tetra--hexyldecanonyl-L-ascorbyl acid $C_{70}H_{128}O_{10}$: 1129.78

이 원료는 주로 아스코빅애씨드와 이소팔미틱애씨드의 테트라에스텔로 되어 있다. 이 원료는 정량할 때 아스코빌테트라이소팔미테이트($C_{70}H_{128}O_{10}$: 1129.78) 95.0% 이상을 함유한다.
성 상 이 원료는 무색~엷은 황색의 액으로 약간의 특이한 냄새가 있다.

-이하 생략-

아스코빌테트라이소팔미테이트 로션제(Ascorbyl Tetraisopalmitate Lotion)

-이하 생략-

아스코빌테트라이소팔미테이트 액제(Ascorbyl Tetraisopalmitate Solution)

-이하 생략-

아스코빌테트라이소팔미테이트 크림제(Ascorbyl Tetraisopalmitate Cream)

-이하 생략-

아스코빌테트라이소팔미테이트 침적 마스크(Ascorbyl Tetraisopalmitate Soaked Mask)

-이하 생략-

알부틴(Arbutin)

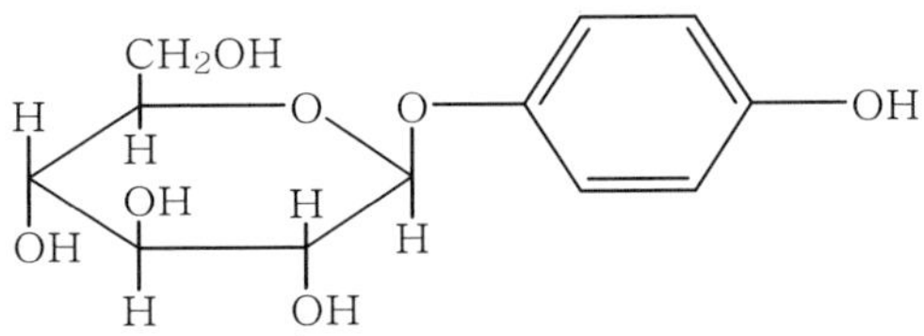

4 − 하이드록시페닐 − β − D − 글루코피라노사이드
4 − hydroxyphenyl − β − D − glucopyranoside　　　$C_{12}H_{16}O_7$: 272.25

이 원료를 정량할 때 알부틴($C_{12}H_{16}O_7$: 272.25) 98.0% 이상을 함유한다.
성　상　이 원료는 백색 ~ 미황색의 가루로 약간의 특이한 냄새가 있다.

− 이하 생략 −

알부틴 로션제(Arbutin Lotion)

− 이하 생략 −

알부틴 액제(Arbutin Solution)

− 이하 생략 −

알부틴 크림제(Arbutin Cream)

− 이하 생략 −

알부틴 침적 마스크(Arbutin Soaked Mask)

− 이하 생략 −

알파 − 비사보롤
(−) − alpha−bisabolol

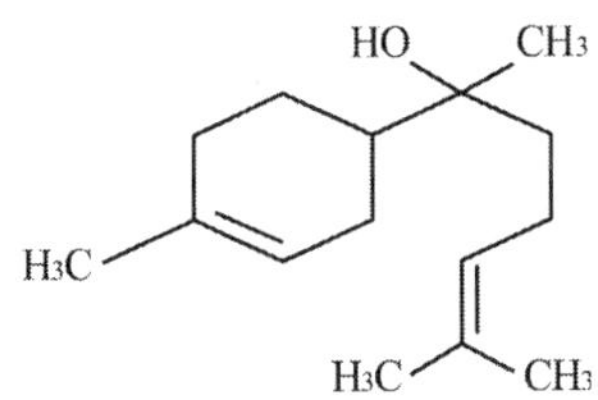

(−) − 6 − 메칠 − 2 − (4 − 메칠 − 3 − 싸이클로헥센 − 1 − 일) − 5 − 헵텐 − 2 − 올
(−) − 6 − Methyl − 2 − (4 − methyl − 3 − cyclohexen − 1 − yl) − 5 − hepten − 2 − ol
$C_{15}H_{26}O$: 222.37
이 원료는 칸데이아 나무 Vanillosmopsis erythropoppa Schult. Bip의 가지와 잎을 분별 증류하여 얻은 에센셜 오일이다. 이 원료는 정량할 때 알파 − 비사보롤($C_{15}H_{26}O$: 222.37) 97.0% 이상

을 함유한다.

제 법 칸데이아 나무 가지와 잎 100kg을 감압하에서(0.4mmHg, 100℃) 18시간 동안 증류하여 얻은 칸데이아 오일(Candeia oil) 1.1kg을 다시 감압하에서(0.1mmHg) 온도별로 분별 증류하여 이 원료 825g을 얻는다.

성 상 이 원료는 무색의 오일 상으로 냄새는 없거나 특이한 냄새가 있다.

—이하 생략—

알파－비사보롤 로션제(Alpha－Bisabolol Lotion)

—이하 생략—

알파－비사보롤 액제(Alpha－Bisabolol Solution)

—이하 생략—

알파－비사보롤 크림제(Alpha－Bisabolol Cream)

—이하 생략—

알파－비사보롤 침적 마스크(Alpha－Bisabolol Soaked Mask)

—이하 생략—

에칠아스코빌에텔(Ethyl Ascorbyl Ether)

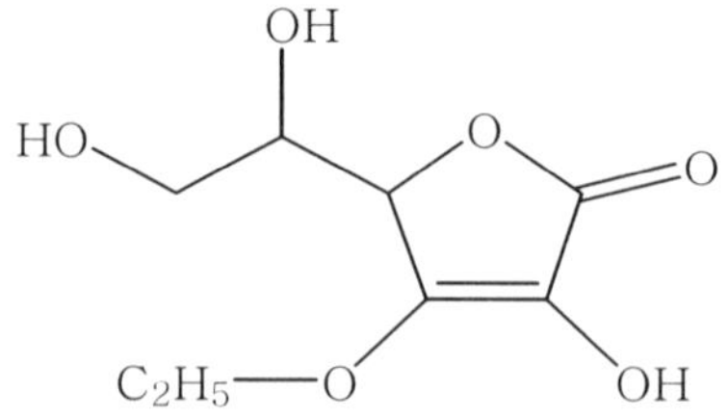

3－O－에칠아스코베이트

3－O－Ethyl Ascorbate $C_8H_{12}O_6$: 204.18

이 원료를 건조한 것은 정량할 때 에칠아스코빌에텔($C_8H_{12}O_6$: 204.18) 95.0% 이상을 함유한다.

성 상 이 원료는 백색～엷은 황색의 결정 또는 결정성 가루로 약간의 특이한 냄새가 있고 맛은 쓰다.

—이하 생략—

에칠아스코빌에텔 로션제(Ethyl Ascorbyl Ether Lotion)

—이하 생략—

에칠아스코빌에텔 액제(Ethyl Ascorbyl Ether Solution)

—이하 생략—

에칠아스코빌에텔 크림제(Ethyl Ascorbyl Ether Cream)

－이하 생략－

에칠아스코빌에텔 침적마스크(Ethyl Ascorbyl Ether Soaked Mask)

－이하 생략－

유용성감초추출물[Oil Soluble Licorice(Glycyrrhiza) Extract]

이 원료는 감초 Glycyrrhiza glabra L. var. glandulifera Regel et Herder, Glycyrrhiza uralensis Fisher 또는 그 밖의 근연식물(Leguminosae)의 뿌리를 무수 에탄올로 추출하여 얻은 추출물을 다시 에칠 아세테이트로 추출한 다음 추출액을 감압농축하여 건조한 유용성 추출물을 가루로 한 것이다. 이 원료는 정량할 때 글라브리딘($C_{20}H_{20}O_4$: 324.38) 35.0% 이상을 함유한다.

성　　상　이 원료는 황갈색～적갈색의 가루로 감초 특유의 냄새가 있다.

－이하 생략－

유용성감초추출물 로션제[Oil Soluble Licorice(Glycyrrhiza) Extract Lotion]

－이하 생략－

유용성감초추출물 액제[Oil Soluble Licorice(Glycyrrhiza) Extract Solution]

－이하 생략－

유용성감초추출물 크림제[Oil Soluble Licorice(Glycyrrhiza) Extract Cream]

－이하 생략－

유용성감초추출물 침적 마스크[Oil Soluble Licorice(Glycyrrhiza) Extract Soaked Mask]

－이하 생략－

[별표 3]

Ⅲ. 피부의 주름개선에 도움을 주는 기능성화장품 각조(제2조제3호관련)

레티놀(Retinol)

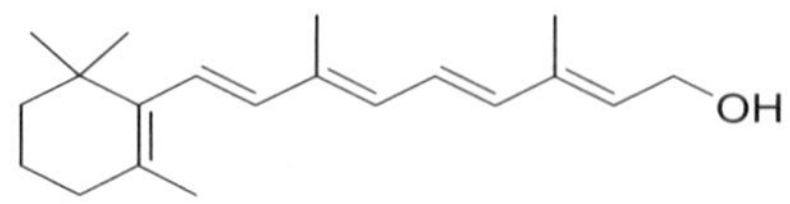

비타민 A 유, 코드리버 오일(Vitamin A oil, Cod Liver Oil)

$C_{20}H_{30}O$: 286.46

이 원료는 레티놀 또는 레티놀을 각종 유지에 녹이거나 다당류, 단백질 등을 포함하는 각종 고분자물질로 안정화시킨 것 또는 이들의 혼합물에 안정도, 제조용이성 등을 향상시키기 위해 희석제, 안정제, 점증제 등 기타 원료를 첨가하여 얻은 것이다. 이 원료는 정량할 때 표시된 레티놀($C_{20}H_{30}O$: 286.46) 함량(IU 또는 %)의 90.0% 이상을 함유한다.

성 상 이 원료는 엷은 황색~엷은 주황색의 가루 또는 점성이 있는 액 또는 겔상의 물질로 냄새는 없거나 특이한 냄새가 있다.

–이하 생략–

레티놀 로션제(Retinol Lotion)

–이하 생략–

레티놀 크림제(Retinol Cream)

–이하 생략–

레티놀 침적 마스크(Retinol Soaked Mask)

–이하 생략–

레티닐팔미테이트(Retinyl Palmitate)

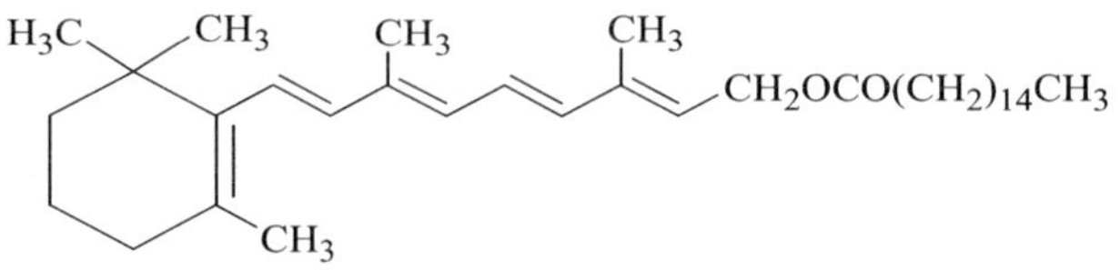

팔미틴산레티놀, 비타민 A 팔미틴산 에스텔(Retinol Palmitate)

$C_{36}H_{60}O_2$: 524.87

이 원료는 레티닐팔미테이트 또는 레티닐팔미테이트를 각종 유지에 녹이거나 다당류, 단백질 등을 포함하는 각종 고분자물질로 안정화시킨 것 또는 이들의 혼합물에 안정도, 제조용이성 등을 향상시키기 위해 희석제, 안정제, 점증제 등 기타 원료를 첨가하여 얻은 것이다. 이 원료는 정량할 때 표시된 레티닐팔미테이트($C_{36}H_{60}O_2$: 524.87) 함량(IU 또는 %)의 90.0% 이상을 함유한다.

성　　상　이 원료는 엷은 황색~황적색의 고체 또는 유상의 물질로 약간의 특이한 냄새가 있다. 이 원료는 냉소에 보관할 때 일부는 결정화된다.

–이하 생략–

레티닐팔미테이트 로션제(Retinyl Palmitate Lotion)

–이하 생략–

레티닐팔미테이트 크림제(Retinyl Palmitate Cream)

–이하 생략–

레티닐팔미테이트 침적 마스크(Retinyl Palmitate Soaked Mask)

–이하 생략–

아데노신(Adenosine)

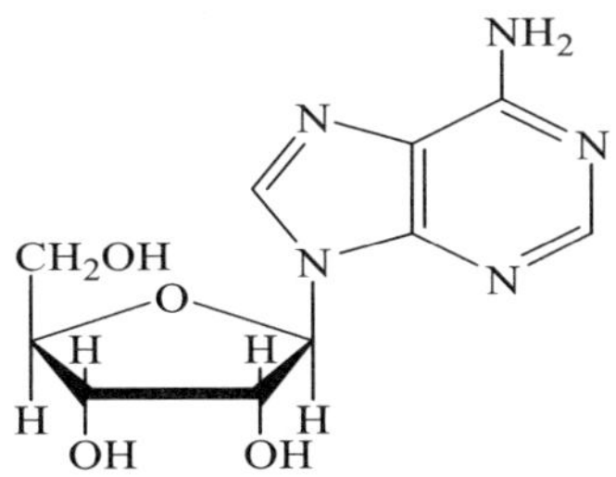

아데닌 리보사이드(Adenine Riboside)

$C_{10}H_{13}N_5O_4$: 267.24

이 원료를 정량할 때 아데노신($C_{10}H_{13}N_5O_4$: 267.24) 99.0% 이상을 함유한다.

성　　상　이 원료는 무색 결정 또는 결정성 가루로 냄새는 없다.

–이하 생략–

아데노신액(2%) Adenosine Solution(2%)

–이하 생략–

아데노신 로션제(Adenosine Lotion)

–이하 생략–

아데노신 액제(Adenosine Solution)

－이하 생략－

아데노신 크림제(Adenosine Cream)

－이하 생략－

아데노신 침적 마스크(Adenosine Soaked Mask)

－이하 생략－

폴리에톡실레이티드레틴아마이드(Polyethoxylated Retinamide)

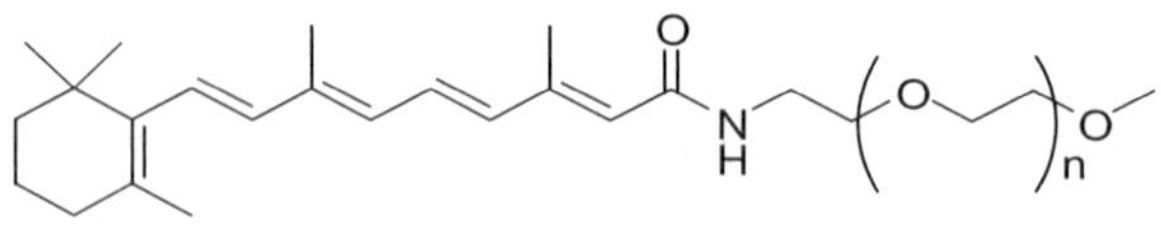

n＝10.7(average)

N－ω －메칠폴리에틸렌글라이콜릴 레틴아마이드

N－ω －methylpolyethyleneglycolyl retinamide($C_{23}+2nH_{35}+4nO_2+nN$)n : 평균분자량 831

이 원료는 정량할 때 폴리에톡실레이티드레틴아마이드($C_{23}+2nH_{35}+4nO_2+nN$)n : 평균분자량 831) 95.0% 이상을 함유한다.

성　　상　　이 원료는 황색～황갈색의 맑거나 약간 혼탁한 유액으로 약간의 특이한 냄새가 있다.

－이하 생략－

[별표 4]

Ⅳ. 자외선으로부터 피부를 보호하는데 도움을 주는 기능성화장품 각조(제2조제4호 관련)

드로메트리졸(Drometrizole)

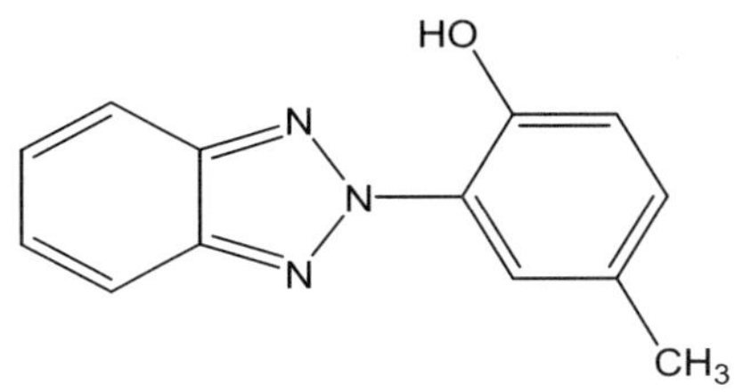

2－(2′ －히드록시－5′ －메칠페닐)벤조트리아졸

2－(2′ －Hydroxy－5′ －methylphenyl)benzotriazole $C_{13}H_{11}N_3O$: 225.25

이 원료를 건조한 것은 정량할 때 드로메트리졸($C_{13}H_{11}N_3O$: 225.25) 95.0 ~ 104.0%를 함유한다.

성 상 이 원료는 엷은 황백색의 가루로 냄새는 거의 없다.

－이하 생략－

드로메트리졸트리실록산(Drometrizole Trisiloxane)

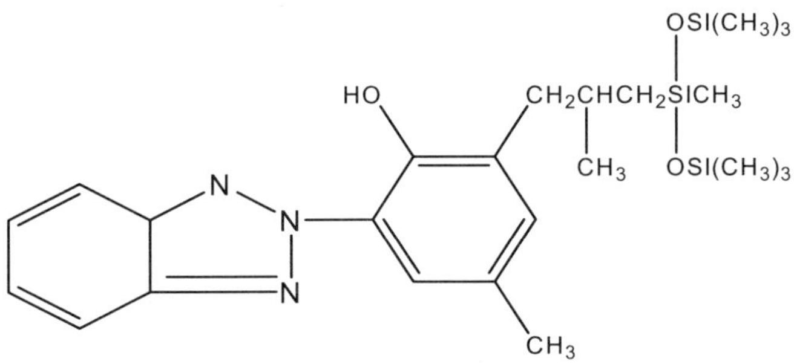

$C_{24}H_{39}N_3O_3Si_3$: 501.84

이 원료를 건조한 것은 정량할 때 드로메트리졸트리실록산 ($C_{24}H_{39}N_3O_3Si_3$: 501.84) 98.0% 이상을 함유한다.

성 상 이 원료는 엷은 황색의 결정성 가루이다.

－이하 생략－

디갈로일트리올리에이트(Digalloyl Trioleate)

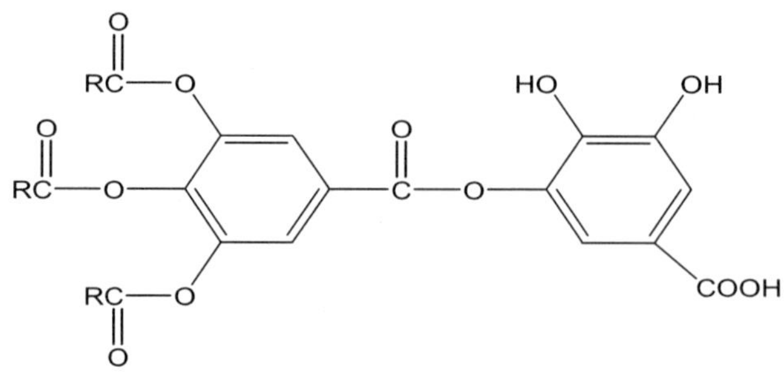

R : $CH_3(CH_2)7CH=CH(CH_2)7$—

갈릭애씨드 3－갈레이트 트리올레이트(Gallic Acid 3－Gallate Trioleate)

$C_{68}H_{106}O_{12}$: 1115.58

이 원료를 정량할 때 디갈로일트리올리에이트($C_{68}H_{106}O_{12}$: 1115.58) 98.0% 이상을 함유한다.

성 상 이 원료는 짙은 갈색의 점성이 있는 맑은 액으로 특이한 냄새가 있다.

－이하 생략－

디메치코디에칠벤잘말로네이트(Dimethicodiethylbenzal malonate)

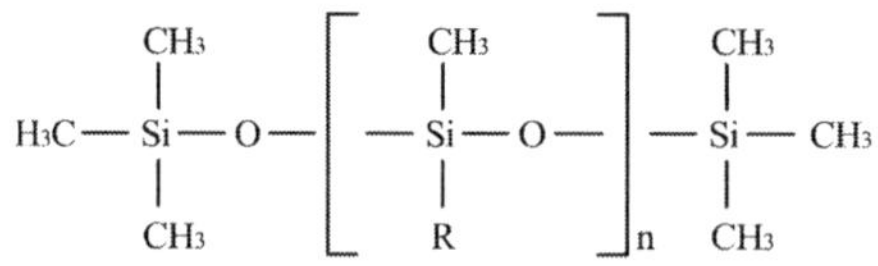

R＝n, approx 60

A＝92.1－92.5% CH_3

B＝approx. 6%

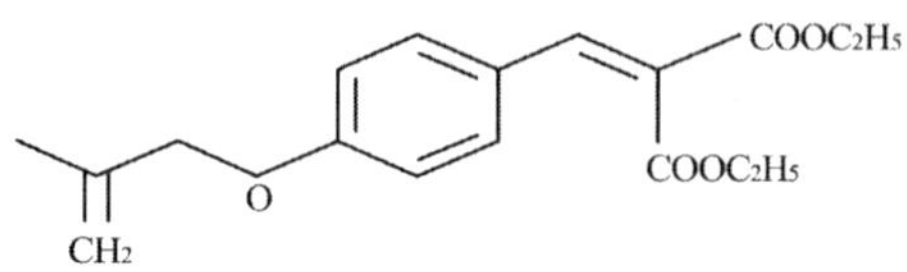

C＝approx. 1.5%

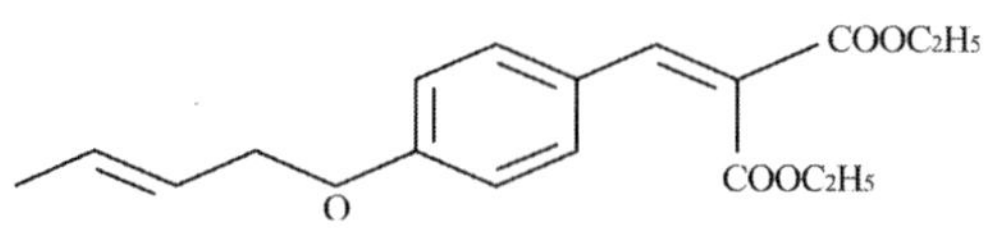

폴리실리콘－15(Polysilicone－15)

평균분자식$C_{196}H_{490}O_{84}Si_{65}$: 평균분자량 16741

이 원료는 디메치코디에칠벤잘말로네이트로서 고분자성 실리콘사슬에 신나메이트가 결합되어진 고분자 물질로서 n은 약 60이며, R그룹의 비율 A : B : C는 약 92 : 6 : 1.5이다. 이 원료는 정량할 때 디메치코디에칠벤잘말로네이트($C_{196}H_{490}O_{84}Si_{65}$: 16741)로서 94.0 ~ 104.0%를 함유한다.

성　　상　이 원료는 무색 ~ 미황색의 점성을 나타내는 액이다.

－이하 생략－

디에칠아미노하이드록시벤조일헥실 벤조에이트(Diethylamino Hydroxybenzoyl Hexyl Benzoate)

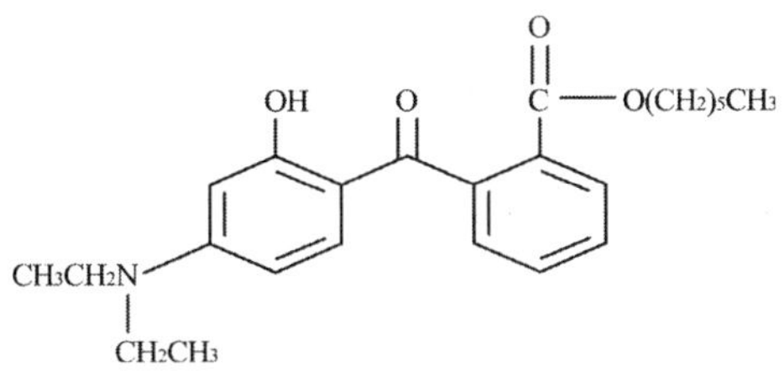

벤조익애씨드, 2－[4－(디에칠아미노)－2－하이드록시벤조일]－, 헥실 에스터

$C_{24}H_{31}NO_4$: 397.52

이 원료는 정량할 때 디에칠아미노하이드록시벤조일헥실 벤조에이트($C_{24}H_{31}NO_4$: 397.52) 99.0% 이상을 함유한다.

성　　상　이 원료는 백색~옅은 황색의 과립상 가루로 가온하면 황색의 액이 되며, 약간의 특이한 냄새가 있다. 이 원료는 에탄올에 녹고 물에 거의 녹지 않는다.

－이하 생략－

디에칠헥실부타미도트리아존(Diethylhexyl Butamido Triazone)

이 원료는 정량할 때 디에칠헥실부타미도트리아존($C_{44}H_{59}N_7O_5$: 766.0) 97.0% 이상을 함유한다.

성　　상　백색 ~ 미황색의 가루로 특이한 냄새가 있다.

－이하 생략－

디소듐페닐디벤즈이미다졸테트라설포네이트(Disodium phenyl dibenzimidazole tetrasulfonate)

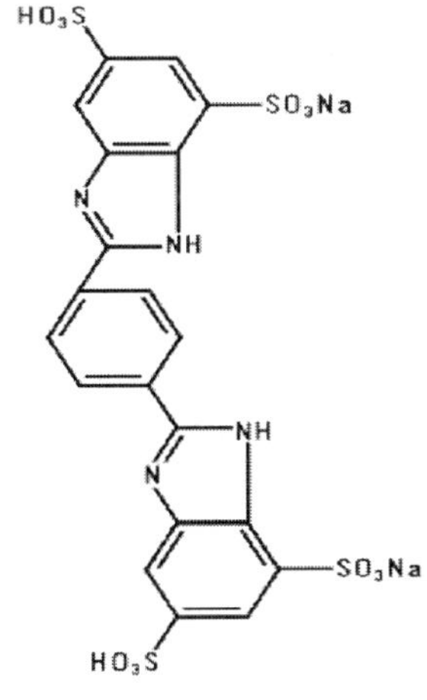

$C_{20}H_{12}N_4O_{12}S_4 \cdot 2Na$: 674.55
2,2‘ – (1,4 – 페닐렌)비스 – (1H – 벤즈이미다졸 – 4,6 – 디설포닉 애씨드, 디소듐염)
2,2‘ – (1,4 – phenylene)bis – (1H – benzimidazole – 4,6 – disulfonic acid, disodium salt)
이 원료를 정량할 때 디소듐페닐디벤즈이미다졸테트라설포네이트($C_{20}H_{12}N_4O_{12}S_4 \cdot 2Na$: 674.55) 96.0% 이상을 함유한다.
성　　상　이 원료는 엷은 황색의 가루이다.

– 이하 생략 –

메칠렌비스 – 벤조트리아졸릴테트라메칠부틸페놀(Methylene Bis – Benzotriazolyl Tetramethylbutylphenol)

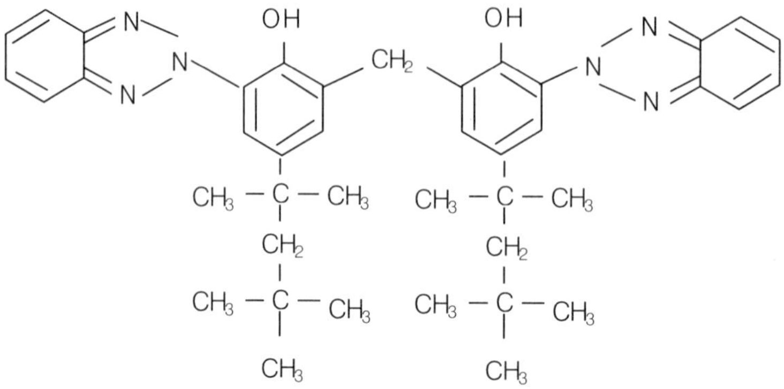

$C_{41}H_{50}N_6O_2$: 658.86
이 원료를 건조한 것은 정량할 때 메칠렌비스벤조트리아졸릴테트라메칠부틸페놀($C_{41}H_{50}N_6O_2$: 658.86) 98.5% 이상을 함유한다.
성　　상　이 원료는 엷은 황색의 가루로 약간의 특이한 냄새가 있다.

– 이하 생략 –

메칠렌비스 – 벤조트리아졸릴테트라메칠부틸페놀액(50%)
Methylene Bis – Benzotriazolyl Tetramethylbutylphenol Solution(50%)
이 원료는 메칠렌비스벤조트리아졸릴테트라메칠부틸페놀에 데실글루코사이드, 산탄검, 프로필렌글라이콜, 정제수 등을 혼합한 혼합물이며 정량할 때 메칠렌비스벤조트리아졸릴테트라메칠부틸페놀($C_{41}H_{50}N_6O_2$: 658.86)을 48.0 ~ 52.0% 함유한다.
성　　상　이 원료는 백색의 점성을 나타내는 액으로 약간의 특이한 냄새가 있다.

– 이하 생략 –

4－메칠벤질리덴캠퍼(4－Methylbenzylidene Camphor)

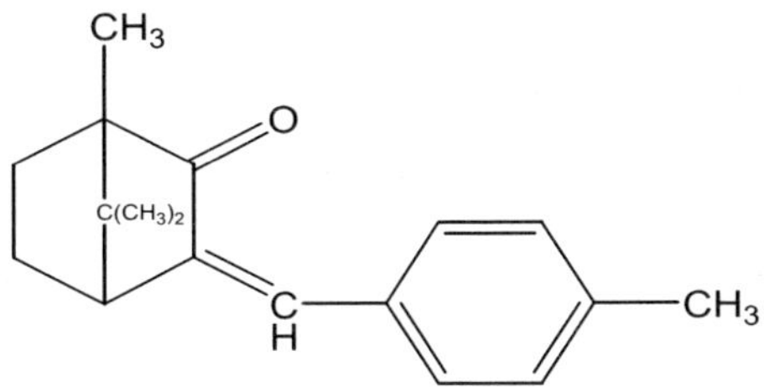

3－(4－메칠벤질리덴)－dl－캠퍼(3－(4－Methylbenzylidene)－dl－Camphor)

$C_{18}H_{22}O$: 254.37

이 원료를 건조한 것은 정량할 때 4－메칠벤질리덴캠퍼($C_{18}H_{22}O$: 254.37) 99.5% 이상을 함유한다.

성 상 이 원료는 백색의 가루로 약간의 특이한 냄새가 있다.

－이하 생략－

멘틸안트라닐레이트(Menthyl Anthranilate)

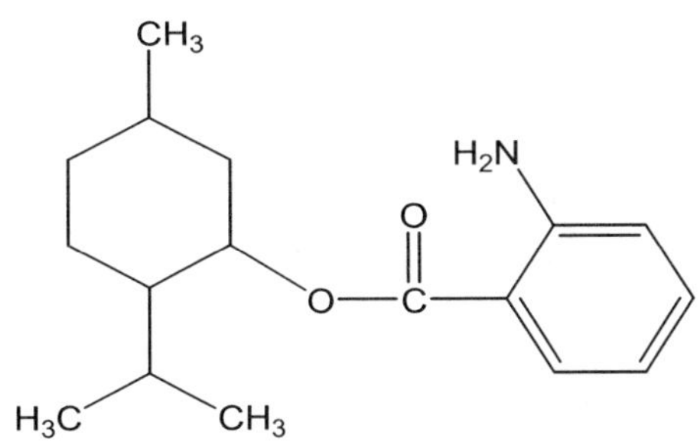

멘틸－o－아미노벤조에이트(Menthyl－o－aminobenzoate)

$C_{17}H_{25}NO_2$: 275.39

이 원료는 정량할 때 멘틸안트라날닐레이트 98.0% 이상을 함유한다.

성 상 이 원료는 무색～엷은 황색의 점성이 있는 맑은 액으로 약간의 특이한 냄새가 있다.

－이하 생략－

벤조페논－3(Benzophenone－3)

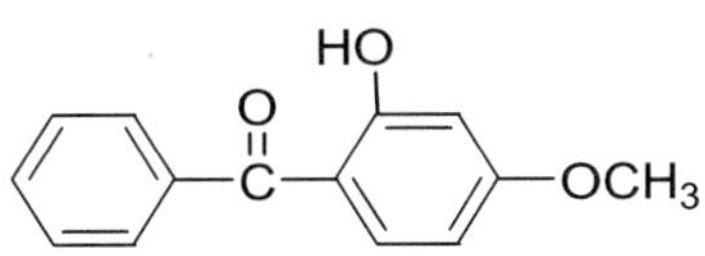

옥시벤존, 2-히드록시-4-메톡시벤조페논(Oxybenzone, 2-hydroxy-4-methoxybenzophenone)

$C_{14}H_{12}O_3$: 228.25

이 원료를 건조한 것은 정량할 때 벤존페논-3($C_{14}H_{12}O_3$: 228.25) 90.0% 이상을 함유한다.

성 상 이 원료는 엷은 황색의 결정성 가루로 냄새는 없다.

-이하 생략-

벤조페논-4(Benzophenone-4)

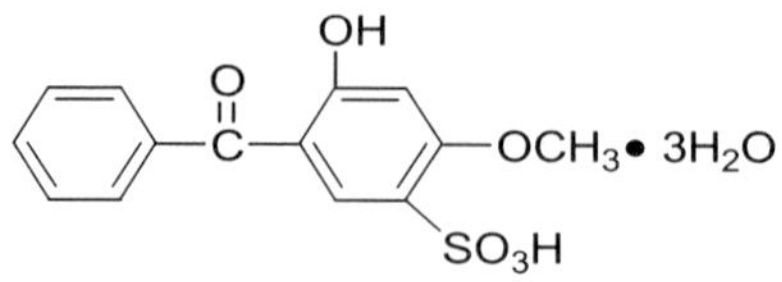

설리소벤존(Sulisobenzone)

$C_{14}H_{18}O_9S$: 362.26

이 원료를 건조한 것은 정량할 때 벤조페논-4($C_{14}H_{18}O_9S$: 362.26) 95.0% 이상을 함유한다.

성 상 이 원료는 엷은 황색의 가루로 특이한 냄새가 있다.

-이하 생략-

벤조페논-8(Benzophenone-8)

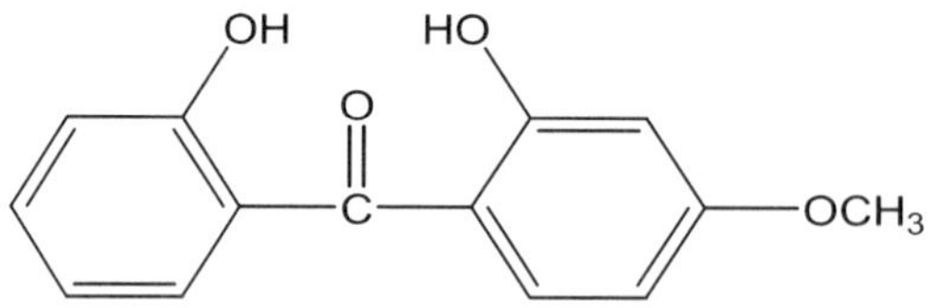

디옥시벤존(Dioxybenzone)

$C_{14}H_{12}O_4$: 244.25

이 원료를 건조한 것은 정량할 때 벤존페논-8($C_{14}H_{12}O_4$) 97.0% 이상을 함유한다.

성 상 이 원료는 엷은 황색의 가루로 약간의 방향성 냄새가 있다.

-이하 생략-

부틸메톡시디벤조일메탄(Butyl Methoxydibenzoylmethane)

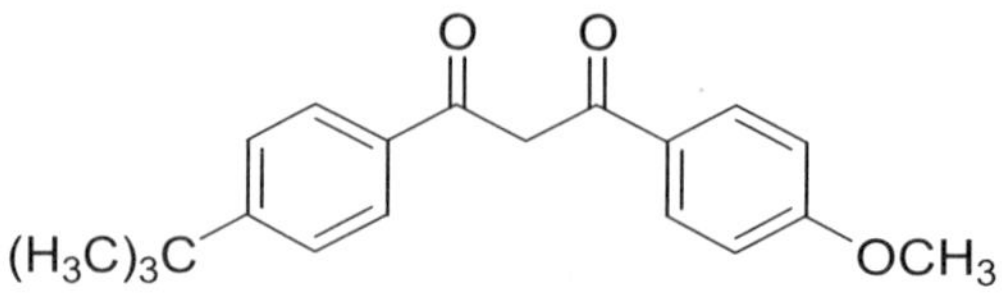

아보벤존(Avobenzone)

$C_{20}H_{22}O_3$: 310.39

이 원료를 건조한 것은 정량할 때 부틸메톡시디벤조일메탄($C_{20}H_{22}O_3$: 310.39) 97.0 ~ 104.0%를 함유한다.

성 상 이 원료는 엷은 황색 ~ 황색의 가루로 약간의 특이한 냄새가 있다.

— 이하 생략 —

비스 – 에칠헥실옥시페놀메톡시페닐트리아진(Bis – Ethylhexyloxyphenol Methoxyphenyl Triazine)

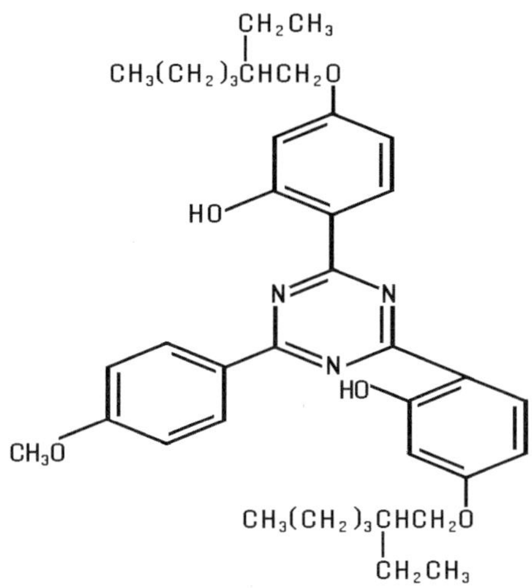

$C_{38}H_{49}N_3O_5$: 627.90

이 원료는 정량할 때 비스 – 에칠헥실옥시페놀메톡시페닐트리아진($C_{38}H_{49}N_3O_5$: 627.90) 98.0% 이상을 함유한다.

성 상 이 원료는 엷은 황색의 가루이다.

— 이하 생략 —

시녹세이트(Cinoxate)

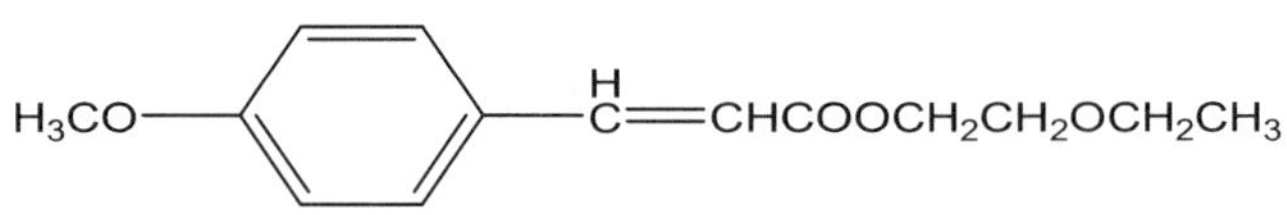

2 – 에톡시에칠 – p – 메톡시신나메이트(2 – Ethoxyethyl – p – Methoxycinnamate)

$C_{14}H_{18}O_4$: 250.29

이 원료는 정량할 때 시녹세이트($C_{14}H_{18}O_4$: 250.29) 95.0%~105.0%를 함유한다.

성 상 이 원료는 엷은 황색의 점성이 있는 맑은 액으로 냄새는 거의 없다.

-이하 생략-

옥토크릴렌(Octocrylene)

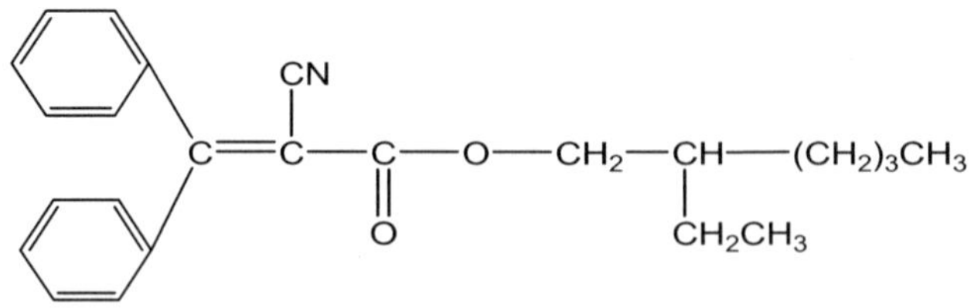

2-에칠헥실 2-시아노-3-페닐신나메이트(2-Ethylhexyl 2-Cyano-3-Phenylcinnamate)

$C_{24}H_{27}NO_2$: 361.48

이 원료를 정량할 때 옥토크릴렌($C_{24}H_{27}NO_2$: 361.48) 98.0% 이상을 함유한다.

성 상 맑은 황색의 액체로 특이한 냄새가 있다.

-이하 생략-

에칠헥실디메칠파바(Ethylhexyl Dimethyl PABA)

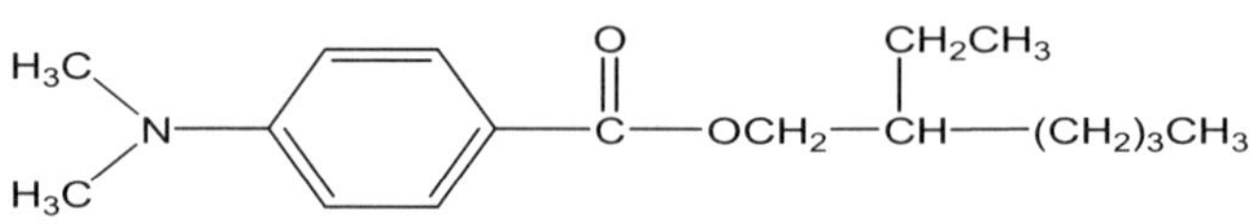

옥틸디메칠파라아미노벤조익애씨드, 옥틸디메칠파바(Octyl Dimethyl p-Aminobenzoic Acid)

$C_{17}H_{27}NO_2$: 277.41

이 원료는 정량할 때 에칠헥실디메칠파바($C_{17}H_{27}NO_2$: 277.41) 95.0% 이상을 함유한다.

성 상 이 원료는 엷은 황색~황색의 맑은 액으로 약간의 특이한 냄새가 있다.

-이하 생략-

에칠헥실메톡시신나메이트(Ethylhexyl Methoxycinnamate)

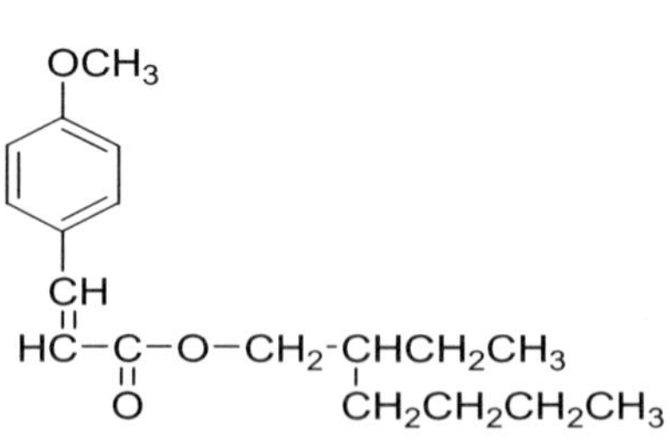

옥틸메톡시신나메이트(Octyl methoxy cinnamate)

$C_{18}H_{26}O_3$: 290.40

이 원료는 정량할 때 에칠헥실메톡시신나메이트($C_{18}H_{26}O_3$: 290.40) 95.0% 이상을 함유한다.

성 상 이 원료는 엷은 황색의 점성이 있는 맑은 액으로 약간의 특이한 냄새가 있다.

–이하 생략–

에칠헥실살리실레이트(Ethylhexyl Salicylate)

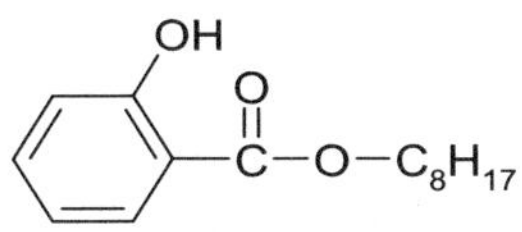

옥틸살리실레이트(Octyl Salicylate)

$C_{15}H_{22}O_3$: 250.33

이 원료를 정량할 때 에칠헥실살리실레이트($C_{15}H_{22}O_3$: 250.33) 98.0% 이상을 함유한다.

성 상 이 원료는 무색~미황색의 맑은 액으로 냄새가 없다.

–이하 생략–

에칠헥실트리아존(Ethylhexyl Triazone)

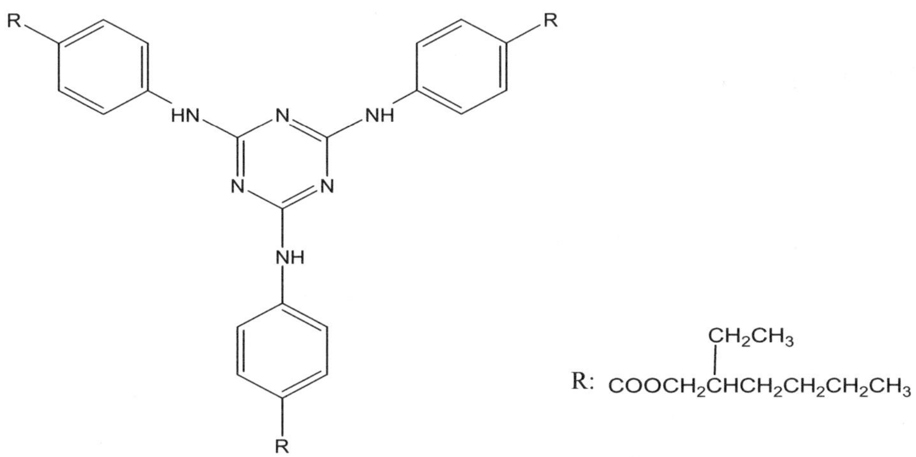

옥틸트리아존(Octyl triazone)

$C_{48}H_{66}N_6O_6$: 823.20

이 원료는 주로 2, 4, 6–트리아닐리노–p–(카보–2'–에칠헥실–1'–옥시)–1,3,5–트리아진이다. 이 원료를 정량할 때 에칠헥실트리아존($C_{48}H_{66}N_6O_6$: 823.20) 98.0% 이상을 함유한다.

성 상 이 원료는 황색의 가루로 특이한 냄새가 있다.

–이하 생략–

이소아밀 p－메톡시신나메이트(Isoamyl p－Methoxycinnamate)

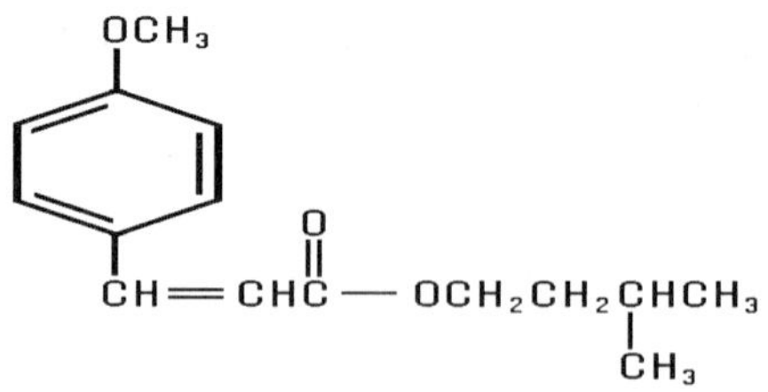

$C_{15}H_{20}O_3$: 248.35

이 원료는 이소아밀알코올과 p－메톡시신나믹애씨드의 에스텔이다. 이 원료는 정량할 때 이소아밀 p－메톡시신나메이트($C_{15}H_{20}O_3$: 248.35) 98.0% 이상을 함유한다.

성　　상　이 원료는 무색~엷은 황색의 맑은 액이다.

－이하 생략－

징크옥사이드(Zinc Oxide)

아연화　　　　ZnO : 81.38

이 원료를 강열한 것은 정량할 때 징크옥사이드(ZnO : 81.38) 99.5% 이상을 함유한다.

성　　상　이 원료는 백색의 결정 또는 무정형의 매우 미세한 가루로 냄새 및 맛은 없다.

－이하 생략－

테레프탈릴리덴디캠퍼설포닉애씨드액(33%)

Terephthalylidene Dicamphor Sulfonic Acid Solution(33%)

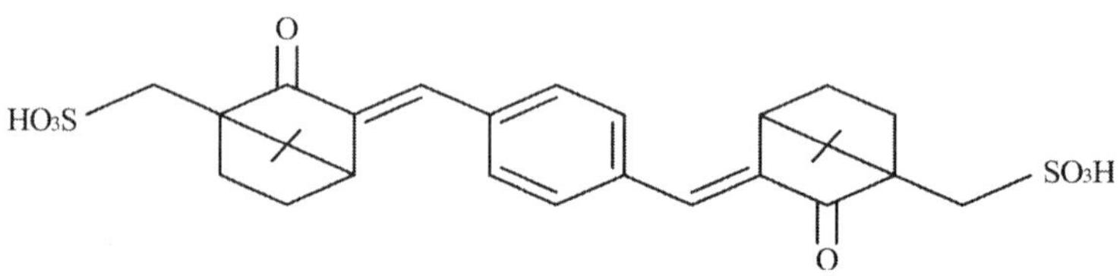

$C_{28}H_{34}O_8S_2$: 562.71

이 원료는 테레프탈알데하이드에 DL－캠퍼설포닉애씨드 2몰을 첨가하여 얻어진 벤질리덴캄퍼 유도체의 수용액이다. 이 원료는 정량할 때 테레프탈릴리덴디캠퍼설포닉애씨드($C_{28}H_{34}O_8S_2$: 562.71) 32.6~35.1%를 함유한다.

성　　상　이 원료는 엷은 황색의 액으로 약간의 특이한 냄새가 있다.

－이하 생략－

티타늄디옥사이드(Titanium Dioxide)

이산화티탄(Titanium oxide)

TiO_2 : 79.88

이 원료를 건조한 것은 정량할 때 티타늄디옥사이드(TiO_2 : 79.88) 90.0% 이상을 함유한다.

성　　상　이 원료는 백색의 미세한 가루로 냄새 및 맛은 없다.

－이하 생략－

페닐벤즈이미다졸설포닉애씨드(Phenylbenzimidazole Sulfonic Acid)

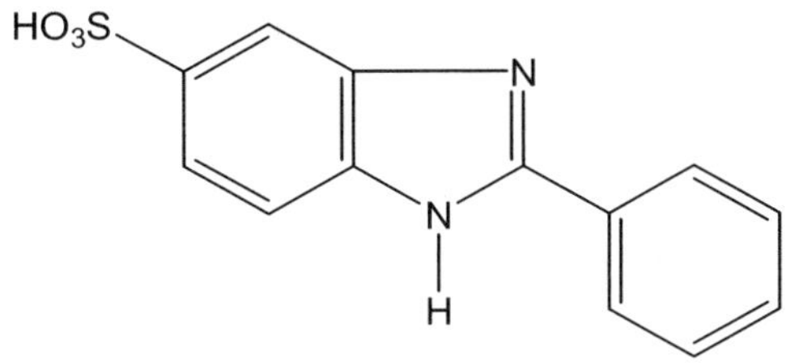

$C_{13}H_{10}N_2O_3S$: 274.30

이 원료를 정량할 때 페닐벤즈이미다졸설포닉애씨드 98.0% 이상을 함유한다.

성　　상　이 원료는 백색~엷은 황색의 가루로 냄새는 없다.

－이하 생략－

호모살레이트(Homosalate)

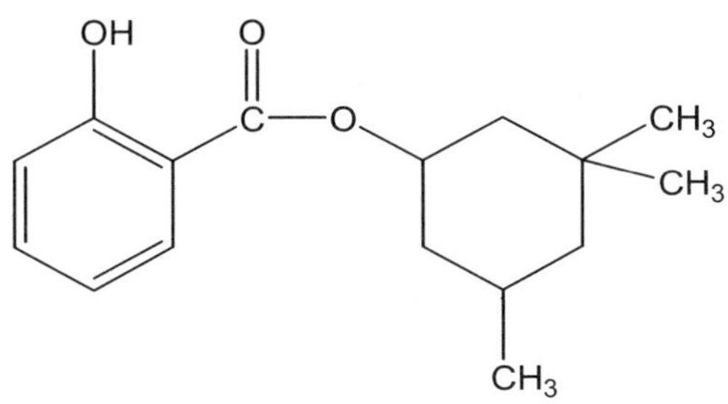

호모멘틸산살리실레이트(Homomenthyl Salicylate)

$C_{16}H_{22}O_3$: 262.35

이 원료는 정량할 때 호모살레이트($C_{16}H_{22}O_3$: 262.35)를 98.0% 이상 함유한다.

성　　상　이 원료는 무색의 맑은 유액으로 특이한 냄새가 있다.

－이하 생략－

5. 화장품 안전성 정보관리 규정

[시행 2014.3.21.] [식품의약품안전처고시 제2014-103호, 2014.3.21., 일부개정]
식품의약품안전처(화장품정책과), 043-719-3410

제1조【목적】 이 고시는 「화장품법」 제5조 및 같은 법 시행규칙 제11조제10호에 따라 화장품의 취급·사용 시 인지되는 안전성 관련 정보를 체계적이고 효율적으로 수집·검토·평가하여 적절한 안전대책을 강구함으로써 국민 보건상의 위해를 방지함을 목적으로 한다.

제2조【정의】 이 고시에서 사용하는 용어의 정의는 다음과 같다.

1. "유해사례(Adverse Event/Adverse Experience, AE)"란 화장품의 사용 중 발생한 바람직하지 않고 의도되지 아니한 징후, 증상 또는 질병을 말하며, 당해 화장품과 반드시 인과관계를 가져야 하는 것은 아니다.
2. "중대한 유해사례(Serious AE)"는 유해사례 중 다음 각목의 어느 하나에 해당하는 경우를 말한다.
   가. 사망을 초래하거나 생명을 위협하는 경우
   나. 입원 또는 입원기간의 연장이 필요한 경우
   다. 지속적 또는 중대한 불구나 기능저하를 초래하는 경우
   라. 선천적 기형 또는 이상을 초래하는 경우
   마. 기타 의학적으로 중요한 상황
3. "실마리 정보(Signal)"란 유해사례와 화장품 간의 인과관계 가능성이 있다고 보고된 정보로서 그 인과관계가 알려지지 아니하거나 입증자료가 불충분한 것을 말한다.
4. "안전성 정보"란 화장품과 관련하여 국민보건에 직접 영향을 미칠 수 있는 안전성·유효성에 관한 새로운 자료, 유해사례 정보 등을 말한다.

제3조【안전성 정보의 관리체계】 화장품 안전성 정보의 보고·수집·평가·전파 등 관리체계는 별표와 같다.

제4조【안전성 정보의 보고】 ① 의사·약사·간호사·판매자·소비자 또는 관련단체 등의 장은 화장품의 사용 중 발생하였거나 알게 된 유해사례 등 안전성 정보에 대하여 별지 제1호 서식 또는 별지 제2호 서식을 참조하여 식품의약품안전처장 또는 화장품 제조판매업자에게 보고할 수 있다.

② 제1항에 따른 보고는 식품의약품안전처 홈페이지를 통해 보고하거나 전화·우편·팩스·정보통신망 등의 방법으로 할 수 있다.

제5조 【안전성 정보의 신속보고】 ① 화장품 제조판매업자는 다음 각 호의 화장품 안전성 정보를 알게 된 때에는 제1호의 정보는 별지 제1호 서식에 따른 보고서를, 제2호의 정보는 별지 제2호 서식에 따른 보고서를 그 정보를 알게 된 날로부터 15일 이내에 식품의약품안전처장에게 신속히 보고하여야 한다.

1. 중대한 유해사례 또는 이와 관련하여 식품의약품안전처장이 보고를 지시한 경우
2. 판매중지나 회수에 준하는 외국정부의 조치 또는 이와 관련하여 식품의약품안전처장이 보고를 지시한 경우

② 제1항에 따른 안전성 정보의 신속보고는 식품의약품안전처 홈페이지를 통해 보고하거나 우편·팩스·정보통신망 등의 방법으로 할 수 있다.

제6조 【안전성 정보의 정기보고】 ① 화장품 제조판매업자는 제5조에 따라 신속보고 되지 아니한 화장품의 안전성 정보를 별지 제3호 서식에 따라 작성한 후 매 반기 종료 후 1월 이내에 식품의약품안전처장에게 보고하여야 한다.

② 제1항에 따른 안전성 정보의 정기보고는 식품의약품안전처 홈페이지를 통해 보고하거나 전자파일과 함께 우편·팩스·정보통신망 등의 방법으로 할 수 있다.

제7조 【자료의 보완】 식품의약품안전처장은 제5조제1항 및 제6조제1항에 따른 유해사례 등 안전성 정보의 보고가 이 규정에 적합하지 아니하거나 추가 자료가 필요하다고 판단하는 경우 일정 기한을 정하여 자료의 보완을 요구할 수 있다.

제8조 【안전성 정보의 검토 및 평가】 식품의약품안전처장은 다음 각 호에 따라 화장품 안전성 정보를 검토 및 평가하며 필요한 경우 정책자문위원회 등 전문가의 자문을 받을 수 있다.

1. 정보의 신뢰성 및 인과관계의 평가 등
2. 국내·외 사용현황 등 조사·비교(화장품에 사용할 수 없는 원료 사용 여부 등)
3. 외국의 조치 및 근거 확인(필요한 경우에 한함)
4. 관련 유해사례 등 안전성 정보 자료의 수집·조사
5. 종합검토

제9조 【후속조치】 식품의약품안전처장 또는 지방식품의약품안전청장은 제8조의 검토 및 평가 결과에 따라 다음 각 호 중 필요한 조치를 할 수 있다.

1. 품목 제조·수입·판매 금지 및 수거·폐기 등의 명령
2. 사용상의 주의사항 등 추가
3. 조사연구 등의 지시
4. 실마리 정보로 관리
5. 제조·품질관리의 적정성 여부 조사 및 시험·검사 등 기타 필요한 조치

제10조【정보의 전파 등】 ① 식품의약품안전처장은 안전하고 올바른 화장품의 사용을 위하여 화장품 안전성 정보의 평가 결과를 화장품 제조판매업자 등에게 전파하고 필요한 경우 이를 소비자에게 제공할 수 있다.

② 식품의약품안전처장은 수집된 안전성 정보, 평가결과 또는 후속조치 등에 대하여 필요한 경우 국제기구나 관련국 정부 등에 통보하는 등 국제적 정보교환체계를 활성화하고 상호협력 관계를 긴밀하게 유지함으로써 화장품으로 인한 범국가적 위해의 방지에 적극 노력하여야 한다.

제11조【보고자 등의 보호】 화장품 안전성 정보의 수집·분석 및 평가 등의 업무에 종사하는 자와 관련 공무원은 보고자, 환자 등 특정인의 인적사항 등에 관한 정보로서 당사자의 생명·신체를 해할 우려가 있는 경우 또는 당사자의 사생활의 비밀 또는 자유를 침해할 우려가 있다고 인정되는 경우 등 당사자 또는 제3자 등의 권리와 이익을 부당하게 침해할 우려가 있다고 인정되는 사항에 대하여는 이를 공개하여서는 아니 된다.

제12조【포상 등】 식품의약품안전처장은 이 규정에 따라 적극적이고 성실한 보고자나 기타 화장품 안전성 정보 관리체계의 활성화에 기여한 자에 대하여 「식품의약품안전처 공적심사규정」(식약처 훈령)에 따라 포상 또는 표창을 실시할 수 있다.

제13조【재검토기한】 「훈령·예규 등의 발령 및 관리에 관한 규정」(대통령훈령 제248호)에 따라 이 고시 발령 후의 법령이나 현실여건의 변화 등을 검토하여 이 고시를 폐지하거나 개정 등의 조치를 하여야 하는 기한은 2017년 3월 8일까지로 한다.

부　칙 〈제2011-10호, 2011.3.8.〉

이 고시는 고시한 날부터 시행한다.

부　칙 〈제2012-44호, 2012.7.4.〉

제1조【시행일】 이 고시는 고시 후 7일이 경과한 날부터 시행한다.

제2조【적용례】 제5조 및 제6조의 개정규정은 이 고시 시행 후 제조판매업자가 최초로 보고하는 안전성 정보부터 적용한다.

부 칙 〈제2013－26호, 2013.4.5.〉

(정부조직개편에 따른 소관명칭 변경을 위한 민원의 전자적 신청 및 처리에 관한 규정 등 일부개정)

제1조【시행일】 이 고시는 고시한 날로부터 시행한다.

부 칙 〈제2014－103호, 2014.3.21.〉

이 고시는 고시한 날로부터 시행한다.

[별표] 화장품 안전성 정보 관리체계(제3조 관련)

[서식 1] 화장품 유해사례 보고서(제5조제1호의 정보)
[서식 2] 화장품 안전성 정보 보고서(제5조제2호의 정보)
[서식 3] 화장품 안전성 정보 일람표
[서식 1, 2, 3] 생략

[별표] 화장품 안전성 정보 관리체계(제3조 관련)

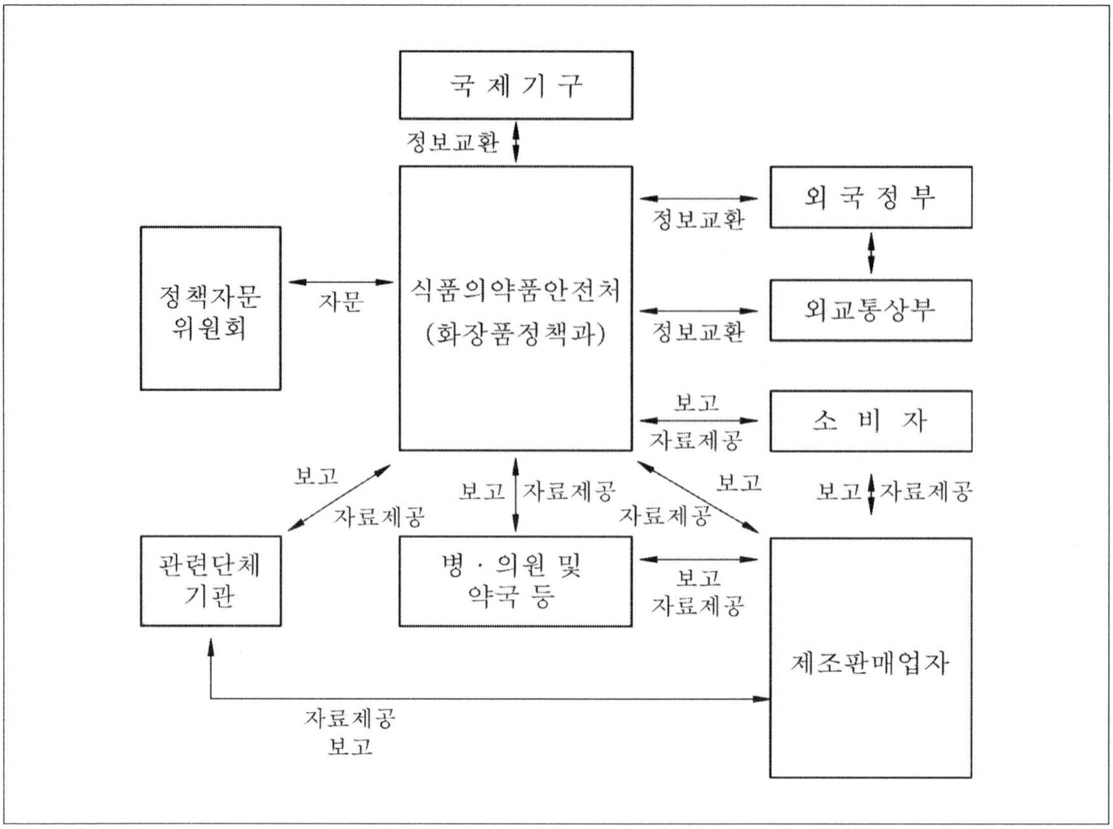

6. 우수화장품 제조 및 품질관리기준

[시행 2015.9.2.] [식품의약품안전처고시 제2015-58호, 2015.9.2., 일부개정]
식품의약품안전처(화장품정책과), 043-719-3413

제1장 총 칙

제1조【목적】 이 고시는 「화장품법」 제5조제2항 및 같은법 시행규칙 제12조제2항에 따라 우수화장품 제조 및 품질관리 기준에 관한 세부사항을 정하고, 이를 이행하도록 권장함으로써 우수한 화장품을 제조·공급하여 소비자보호 및 국민 보건 향상에 기여함을 목적으로 한다.

제2조【용어의 정의】 이 고시에서 사용하는 용어의 뜻은 다음과 같다.

1. 삭제
2. "제조"란 원료 물질의 칭량부터 혼합, 충전(1차 포장), 2차 포장 및 표시 등의 일련의 작업을 말한다.
3. 삭제
4. "품질보증"이란 제품이 적합 판정 기준에 충족될 것이라는 신뢰를 제공하는데 필수적인 모든 계획되고 체계적인 활동을 말한다.
5. "일탈"이란 제조 또는 품질관리 활동 등의 미리 정하여진 기준을 벗어나 이루어진 행위를 말한다.
6. "기준일탈(out-of-specification)"이란 규정된 합격 판정 기준에 일치하지 않는 검사, 측정 또는 시험결과를 말한다.
7. "원료"란 벌크 제품의 제조에 투입하거나 포함되는 물질을 말한다.
8. "원자재"란 화장품 원료 및 자재를 말한다.
9. "불만"이란 제품이 규정된 적합판정기준을 충족시키지 못한다고 주장하는 외부 정보를 말한다.
10. "회수"란 판매한 제품 가운데 품질 결함이나 안전성 문제 등으로 나타난 제조번호의 제품(필요 시 여타 제조번호 포함)을 제조소로 거두어들이는 활동을 말한다.
11. "오염"이란 제품에서 화학적, 물리적, 미생물학적 문제 또는 이들이 조합되어 나타내는 바람직하지 않은 문제의 발생을 말한다.
12. "청소"란 화학적인 방법, 기계적인 방법, 온도, 적용시간과 이러한 복합된 요인에 의

해 청정도를 유지하고 일반적으로 표면에서 눈에 보이는 먼지를 분리, 제거하여 외관을 유지하는 모든 작업을 말한다.

13. "유지관리"란 적절한 작업 환경에서 건물과 설비가 유지되도록 정기적·비정기적인 지원 및 검증 작업을 말한다.
14. "주요 설비"란 제조 및 품질 관련 문서에 명기된 설비로 제품의 품질에 영향을 미치는 필수적인 설비를 말한다.
15. "교정"이란 규정된 조건 하에서 측정기기나 측정 시스템에 의해 표시되는 값과 표준기기의 참값을 비교하여 이들의 오차가 허용범위 내에 있음을 확인하고, 허용범위를 벗어나는 경우 허용범위 내에 들도록 조정하는 것을 말한다.
16. "제조번호" 또는 "뱃치번호"란 일정한 제조단위분에 대하여 제조관리 및 출하에 관한 모든 사항을 확인할 수 있도록 표시된 번호로서 숫자·문자·기호 또는 이들의 특정적인 조합을 말한다.
17. "반제품"이란 제조공정 단계에 있는 것으로서 필요한 제조공정을 더 거쳐야 벌크 제품이 되는 것을 말한다.
18. "벌크 제품"이란 충전(1차 포장) 이전의 제조 단계까지 끝낸 제품을 말한다.
19. "제조단위" 또는 "뱃치"란 하나의 공정이나 일련의 공정으로 제조되어 균질성을 갖는 화장품의 일정한 분량을 말한다.
20. "완제품"이란 출하를 위해 제품의 포장 및 첨부문서에 표시공정 등을 포함한 모든 제조공정이 완료된 화장품을 말한다.
21. "재작업"이란 적합 판정기준을 벗어난 완제품, 벌크제품 또는 반제품을 재처리하여 품질이 적합한 범위에 들어오도록 하는 작업을 말한다.
22. "수탁자"는 직원, 회사 또는 조직을 대신하여 작업을 수행하는 사람, 회사 또는 외부 조직을 말한다.
23. "공정관리"란 제조공정 중 적합판정기준의 충족을 보증하기 위하여 공정을 모니터링하거나 조정하는 모든 작업을 말한다.
24. "감사"란 제조 및 품질과 관련한 결과가 계획된 사항과 일치하는지의 여부와 제조 및 품질관리가 효과적으로 실행되고 목적 달성에 적합한지 여부를 결정하기 위한 체계적이고 독립적인 조사를 말한다.
25. "변경관리"란 모든 제조, 관리 및 보관된 제품이 규정된 적합판정기준에 일치하도록 보장하기 위하여 우수화장품 제조 및 품질관리기준이 적용되는 모든 활동을 내부 조직의 책임하에 계획하여 변경하는 것을 말한다.
26. "내부감사"란 제조 및 품질과 관련한 결과가 계획된 사항과 일치하는지의 여부와 제

조 및 품질관리가 효과적으로 실행되고 목적 달성에 적합한지 여부를 결정하기 위한 회사 내 자격이 있는 직원에 의해 행해지는 체계적이고 독립적인 조사를 말한다.

27. "포장재"란 화장품의 포장에 사용되는 모든 재료를 말하며 운송을 위해 사용되는 외부 포장재는 제외한 것이다. 제품과 직접적으로 접촉하는지 여부에 따라 1차 또는 2차 포장재라고 말한다.
28. "적합 판정 기준"이란 시험 결과의 적합 판정을 위한 수적인 제한, 범위 또는 기타 적절한 측정법을 말한다.
29. "소모품"이란 청소, 위생 처리 또는 유지 작업 동안에 사용되는 물품(세척제, 윤활제 등)을 말한다.
30. "관리"란 적합 판정 기준을 충족시키는 검증을 말한다.
31. "제조소"란 화장품을 제조하기 위한 장소를 말한다.
32. "건물"이란 제품, 원료 및 포장재의 수령, 보관, 제조, 관리 및 출하를 위해 사용되는 물리적 장소, 건축물 및 보조 건축물을 말한다.
33. "위생관리"란 대상물의 표면에 있는 바람직하지 못한 미생물 등 오염물을 감소시키기 위해 시행되는 작업을 말한다.
34. "출하"란 주문 준비와 관련된 일련의 작업과 운송 수단에 적재하는 활동으로 제조소 외로 제품을 운반하는 것을 말한다.

제 2 장 인적자원

제3조【조직의 구성】 ① 제조소별로 독립된 제조부서와 품질보증부서를 두어야 한다.

② 조직구조는 조직과 직원의 업무가 원활히 이해될 수 있도록 규정되어야 하며, 회사의 규모와 제품의 다양성에 맞추어 적절하여야 한다.

③ 제조소에는 제조 및 품질관리 업무를 적절히 수행할 수 있는 충분한 인원을 배치하여야 한다.

제4조【직원의 책임】 ① 모든 작업원은 다음 각 호를 이행해야 할 책임이 있다.

1. 조직 내에서 맡은 지위 및 역할을 인지해야 할 의무
2. 문서접근 제한 및 개인위생 규정을 준수해야 할 의무
3. 자신의 업무범위 내에서 기준을 벗어난 행위나 부적합 발생 등에 대해 보고해야 할 의무
4. 정해진 책임과 활동을 위한 교육훈련을 이수할 의무

② 품질보증 책임자는 화장품의 품질보증을 담당하는 부서의 책임자로서 다음 각 호의

사항을 이행하여야 한다.

1. 품질에 관련된 모든 문서와 절차의 검토 및 승인
2. 품질 검사가 규정된 절차에 따라 진행되는지의 확인
3. 일탈이 있는 경우 이의 조사 및 기록
4. 적합 판정한 원자재 및 제품의 출고 여부 결정
5. 부적합품이 규정된 절차대로 처리되고 있는지의 확인
6. 불만처리와 제품회수에 관한 사항의 주관

제5조【교육훈련】 ① 제조 및 품질관리 업무와 관련 있는 모든 직원들에게 각자의 직무와 책임에 적합한 교육훈련이 제공될 수 있도록 연간계획을 수립하고 정기적으로 교육을 실시하여야 한다.

② 교육담당자를 지정하고 교육훈련의 내용 및 평가가 포함된 교육훈련 규정을 작성하여야 하되, 필요한 경우에는 외부 전문기관에 교육을 의뢰할 수 있다.

③ 교육 종료 후에는 교육결과를 평가하고, 일정한 수준에 미달할 경우에는 재교육을 받아야 한다.

④ 새로 채용된 직원은 업무를 적절히 수행할 수 있도록 기본 교육훈련 외에 추가 교육훈련을 받아야 하며 이와 관련한 문서화된 절차를 마련하여야 한다.

제6조【직원의 위생】 ① 적절한 위생관리 기준 및 절차를 마련하고 제조소 내의 모든 직원은 이를 준수해야 한다.

② 작업소 및 보관소 내의 모든 직원은 화장품의 오염을 방지하기 위해 규정된 작업복을 착용해야 하고 음식물 등을 반입해서는 아니 된다.

③ 피부에 외상이 있거나 질병에 걸린 직원은 건강이 양호해지거나 화장품의 품질에 영향을 주지 않는다는 의사의 소견이 있기 전까지는 화장품과 직접적으로 접촉되지 않도록 격리되어야 한다.

④ 제조구역별 접근권한이 있는 작업원 및 방문객은 가급적 제조, 관리 및 보관구역 내에 들어가지 않도록 하고, 불가피한 경우 사전에 직원 위생에 대한 교육 및 복장 규정에 따르도록 하고 감독하여야 한다.

제 3 장 제 조

제 1 절 시설기준

제7조【건물】 ① 건물은 다음과 같이 위치, 설계, 건축 및 이용되어야 한다.

1. 제품이 보호되도록 할 것
2. 청소가 용이하도록 하고 필요한 경우 위생관리 및 유지관리가 가능하도록 할 것
3. 제품, 원료 및 포장재 등의 혼동이 없도록 할 것

② 건물은 제품의 제형, 현재 상황 및 청소 등을 고려하여 설계하여야 한다.

제8조【시설】 ① 작업소는 다음 각 호에 적합하여야 한다.

1. 제조하는 화장품의 종류·제형에 따라 적절히 구획·구분되어 있어 교차오염 우려가 없을 것
2. 바닥, 벽, 천장은 가능한 청소하기 쉽게 매끄러운 표면을 지니고 소독제 등의 부식성에 저항력이 있을 것
3. 환기가 잘 되고 청결할 것
4. 외부와 연결된 창문은 가능한 열리지 않도록 할 것
5. 작업소 내의 외관 표면은 가능한 매끄럽게 설계하고, 청소, 소독제의 부식성에 저항력이 있을 것
6. 수세실과 화장실은 접근이 쉬워야 하나 생산구역과 분리되어 있을 것
7. 작업소 전체에 적절한 조명을 설치하고, 조명이 파손될 경우를 대비한 제품을 보호할 수 있는 처리절차를 마련할 것
8. 제품의 오염을 방지하고 적절한 온도 및 습도를 유지할 수 있는 공기조화시설 등 적절한 환기시설을 갖출 것
9. 각 제조구역별 청소 및 위생관리 절차에 따라 효능이 입증된 세척제 및 소독제를 사용할 것
10. 제품의 품질에 영향을 주지 않는 소모품을 사용할 것

② 제조 및 품질관리에 필요한 설비 등은 다음 각 호에 적합하여야 한다.

1. 사용목적에 적합하고, 청소가 가능하며, 필요한 경우 위생·유지관리가 가능하여야 한다. 자동화시스템을 도입한 경우도 또한 같다.
2. 사용하지 않는 연결 호스와 부속품은 청소 등 위생관리를 하며, 건조한 상태로 유지하고 먼지, 얼룩 또는 다른 오염으로부터 보호할 것
3. 설비 등은 제품의 오염을 방지하고 배수가 용이하도록 설계, 설치하며, 제품 및 청소

소독제와 화학반응을 일으키지 않을 것

4. 설비 등의 위치는 원자재나 직원의 이동으로 인하여 제품의 품질에 영향을 주지 않도록 할 것
5. 용기는 먼지나 수분으로부터 내용물을 보호할 수 있을 것
6. 제품과 설비가 오염되지 않도록 배관 및 배수관을 설치하며, 배수관은 역류되지 않아야 하고, 청결을 유지할 것
7. 천정 주위의 대들보, 파이프, 덕트 등은 가급적 노출되지 않도록 설계하고, 파이프는 받침대 등으로 고정하고 벽에 닿지 않게 하여 청소가 용이하도록 설계할 것
8. 시설 및 기구에 사용되는 소모품은 제품의 품질에 영향을 주지 않도록 할 것

제9조【작업소의 위생】 ① 곤충, 해충이나 쥐를 막을 수 있는 대책을 마련하고 정기적으로 점검·확인하여야 한다.

② 제조, 관리 및 보관 구역 내의 바닥, 벽, 천장 및 창문은 항상 청결하게 유지되어야 한다.

③ 제조시설이나 설비의 세척에 사용되는 세제 또는 소독제는 효능이 입증된 것을 사용하고 잔류하거나 적용하는 표면에 이상을 초래하지 아니하여야 한다.

④ 제조시설이나 설비는 적절한 방법으로 청소하여야 하며, 필요한 경우 위생관리 프로그램을 운영하여야 한다.

제10조【유지관리】 ① 건물, 시설 및 주요 설비는 정기적으로 점검하여 화장품의 제조 및 품질관리에 지장이 없도록 유지·관리·기록하여야 한다.

② 결함 발생 및 정비 중인 설비는 적절한 방법으로 표시하고, 고장 등 사용이 불가할 경우 표시하여야 한다.

③ 세척한 설비는 다음 사용 시까지 오염되지 아니하도록 관리하여야 한다.

④ 모든 제조 관련 설비는 승인된 자만이 접근·사용하여야 한다.

⑤ 제품의 품질에 영향을 줄 수 있는 검사·측정·시험장비 및 자동화장치는 계획을 수립하여 정기적으로 교정 및 성능점검을 하고 기록해야 한다.

⑥ 유지관리 작업이 제품의 품질에 영향을 주어서는 안 된다.

제 2 절 원자재의 관리

제11조【입고관리】 ① 제조업자는 원자재 공급자에 대한 관리감독을 적절히 수행하여 입고관리가 철저히 이루어지도록 하여야 한다.

② 원자재의 입고 시 구매 요구서, 원자재 공급업체 성적서 및 현품이 서로 일치하여야 한다. 필요한 경우 운송 관련 자료를 추가적으로 확인할 수 있다.

③ 원자재 용기에 제조번호가 없는 경우에는 관리번호를 부여하여 보관하여야 한다.

④ 원자재 입고절차 중 육안확인 시 물품에 결함이 있을 경우 입고를 보류하고 격리보관 및 폐기하거나 원자재 공급업자에게 반송하여야 한다.

⑤ 입고된 원자재는 "적합", "부적합", "검사 중" 등으로 상태를 표시하여야 한다. 다만, 동일 수준의 보증이 가능한 다른 시스템이 있다면 대체할 수 있다.

⑥ 원자재 용기 및 시험기록서의 필수적인 기재 사항은 다음 각 호와 같다.

1. 원자재 공급자가 정한 제품명
2. 원자재 공급자명
3. 수령일자
4. 공급자가 부여한 제조번호 또는 관리번호

제12조 【출고관리】 원자재는 시험결과 적합판정된 것만을 선입선출방식으로 출고해야 하고 이를 확인할 수 있는 체계가 확립되어 있어야 한다.

제13조 【보관관리】 ① 원자재, 반제품 및 벌크 제품은 품질에 나쁜 영향을 미치지 아니하는 조건에서 보관하여야 하며 보관기한을 설정하여야 한다.

② 원자재, 반제품 및 벌크 제품은 바닥과 벽에 닿지 아니하도록 보관하고, 선입선출에 의하여 출고할 수 있도록 보관하여야 한다.

③ 원자재, 시험 중인 제품 및 부적합품은 각각 구획된 장소에서 보관하여야 한다. 다만, 서로 혼동을 일으킬 우려가 없는 시스템에 의하여 보관되는 경우에는 그러하지 아니한다.

④ 설정된 보관기한이 지나면 사용의 적절성을 결정하기 위해 재평가시스템을 확립하여야 하며, 동 시스템을 통해 보관기한이 경과한 경우 사용하지 않도록 규정하여야 한다.

제14조 【물의 품질】 ① 물의 품질 적합기준은 사용 목적에 맞게 규정하여야 한다.

② 물의 품질은 정기적으로 검사해야 하고 필요 시 미생물학적 검사를 실시하여야 한다.

③ 물 공급 설비는 다음 각 호의 기준을 충족해야 한다.

1. 물의 정체와 오염을 피할 수 있도록 설치될 것
2. 물의 품질에 영향이 없을 것
3. 살균처리가 가능할 것

제 3 절 제조관리

제15조 【기준서 등】 ① 제조 및 품질관리의 적합성을 보장하는 기본 요건들을 충족하고 있음을 보증하기 위하여 다음 각 항에 따른 제품표준서, 제조관리기준서, 품질관리기준서 및 제조위생관리기준서를 작성하고 보관하여야 한다.

② 제품표준서는 품목별로 다음 각 호의 사항이 포함되어야 한다.

1. 제품명
2. 작성연월일
3. 효능·효과(기능성 화장품의 경우) 및 사용상의 주의사항
4. 원료명, 분량 및 제조단위당 기준량
5. 공정별 상세 작업내용 및 제조공정흐름도
6. 공정별 이론 생산량 및 수율관리기준
7. 작업 중 주의사항
8. 원자재·반제품·완제품의 기준 및 시험방법
9. 제조 및 품질관리에 필요한 시설 및 기기
10. 보관조건
11. 사용기한 또는 개봉 후 사용기간
12. 변경이력
13. 다음 사항이 포함된 제조지시서
    가. 제품표준서의 번호
    나. 제품명
    다. 제조번호, 제조연월일 또는 사용기한(또는 개봉 후 사용기간)
    라. 제조단위
    마. 사용된 원료명, 분량, 시험번호 및 제조단위당 실 사용량
    바. 제조 설비명
    사. 공정별 상세 작업내용 및 주의사항
    아. 제조지시자 및 지시연월일
14. 그 밖에 필요한 사항

③ 제조관리기준서는 다음 각 호의 사항이 포함되어야 한다.

1. 제조공정관리에 관한 사항
   가. 작업소의 출입제한
   나. 공정검사의 방법
   다. 사용하려는 원자재의 적합판정 여부를 확인하는 방법
   라. 재작업방법
2. 시설 및 기구 관리에 관한 사항
   가. 시설 및 주요설비의 정기적인 점검방법
   나. 작업 중인 시설 및 기기의 표시방법

다. 장비의 교정 및 성능점검 방법

3. 원자재 관리에 관한 사항

가. 입고 시 품명, 규격, 수량 및 포장의 훼손 여부에 대한 확인방법과 훼손되었을 경우 그 처리방법

나. 보관장소 및 보관방법

다. 시험결과 부적합품에 대한 처리방법

라. 취급 시의 혼동 및 오염 방지대책

마. 출고 시 선입선출 및 칭량된 용기의 표시사항

바. 재고관리

4. 완제품 관리에 관한 사항

가. 입·출하 시 승인판정의 확인방법

나. 보관장소 및 보관방법

다. 출하 시의 선입선출방법

5. 위탁제조에 관한 사항

가. 원자재의 공급, 반제품, 벌크제품 또는 완제품의 운송 및 보관 방법

나. 수탁자 제조기록의 평가방법

④ 품질관리기준서는 다음 각 호의 사항이 포함되어야 한다.

1. 다음 사항이 포함된 시험지시서

가. 제품명, 제조번호 또는 관리번호, 제조연월일

나. 시험지시번호, 지시자 및 지시연월일

다. 시험항목 및 시험기준

2. 시험검체 채취방법 및 채취 시의 주의사항과 채취 시의 오염방지대책
3. 시험시설 및 시험기구의 점검(장비의 교정 및 성능점검 방법)
4. 안정성시험
5. 완제품 등 보관용 검체의 관리
6. 표준품 및 시약의 관리
7. 위탁시험 또는 위탁제조하는 경우 검체의 송부방법 및 시험결과의 판정방법
8. 그 밖에 필요한 사항

⑤ 제조위생관리기준서는 다음 각 호의 사항이 포함되어야 한다.

1. 작업원의 건강관리 및 건강상태의 파악·조치방법
2. 작업원의 수세, 소독방법 등 위생에 관한 사항
3. 작업복장의 규격, 세탁방법 및 착용규정

4. 작업실 등의 청소(필요한 경우 소독을 포함한다. 이하 같다) 방법 및 청소주기
5. 청소상태의 평가방법
6. 제조시설의 세척 및 평가
   가. 책임자 지정
   나. 세척 및 소독 계획
   다. 세척방법과 세척에 사용되는 약품 및 기구
   라. 제조시설의 분해 및 조립 방법
   마. 이전 작업 표시 제거방법
   바. 청소상태 유지방법
   사. 작업 전 청소상태 확인방법
7. 곤충, 해충이나 쥐를 막는 방법 및 점검주기
8. 그 밖에 필요한 사항

제16조 【칭량】 ① 원료는 품질에 영향을 미치지 않는 용기나 설비에 정확하게 칭량되어야 한다.

② 원료가 칭량되는 도중 교차오염을 피하기 위한 조치가 있어야 한다.

제17조 【공정관리】 ① 제조공정 단계별로 적절한 관리기준이 규정되어야 하며 그에 미치지 못한 모든 결과는 보고되고 조치가 이루어져야 한다.

② 반제품은 품질이 변하지 아니하도록 적당한 용기에 넣어 지정된 장소에서 보관해야 하며 용기에 다음 사항을 표시해야 한다.

1. 명칭 또는 확인코드
2. 제조번호
3. 완료된 공정명
4. 필요한 경우에는 보관조건

③ 반제품의 최대 보관기한은 설정하여야 하며, 최대 보관기한이 가까워진 반제품은 완제품 제조하기 전에 품질이상, 변질 여부 등을 확인하여야 한다.

제18조 【포장작업】 ① 포장작업에 관한 문서화된 절차를 수립하고 유지하여야 한다.

② 포장작업은 다음 각 호의 사항을 포함하고 있는 포장지시서에 의해 수행되어야 한다.

1. 제품명
2. 포장 설비명
3. 포장재 리스트
4. 상세한 포장공정
5. 포장생산수량

③ 포장작업을 시작하기 전에 포장작업 관련 문서의 완비여부, 포장설비의 청결 및 작동 여부 등을 점검하여야 한다.

제19조【보관 및 출고】 ① 완제품은 적절한 조건하의 정해진 장소에서 보관하여야 하며, 주기적으로 재고 점검을 수행해야 한다.

② 완제품은 시험결과 적합으로 판정되고 품질보증부서 책임자가 출고 승인한 것만을 출고하여야 한다.

③ 출고는 선입선출방식으로 하되, 타당한 사유가 있는 경우에는 그러지 아니할 수 있다.

④ 출고할 제품은 원자재, 부적합품 및 반품된 제품과 구획된 장소에서 보관하여야 한다. 다만 서로 혼동을 일으킬 우려가 없는 시스템에 의하여 보관되는 경우에는 그러하지 아니할 수 있다.

제 4 장　품질관리

제20조【시험관리】 ① 품질관리를 위한 시험업무에 대해 문서화된 절차를 수립하고 유지하여야 한다.

② 원자재, 반제품 및 완제품에 대한 적합 기준을 마련하고 제조번호별로 시험 기록을 작성·유지하여야 한다.

③ 시험결과 적합 또는 부적합인지 분명히 기록하여야 한다.

④ 원자재, 반제품 및 완제품은 적합판정이 된 것만을 사용하거나 출고하여야 한다.

⑤ 정해진 보관 기간이 경과된 원자재 및 반제품은 재평가하여 품질기준에 적합한 경우 제조에 사용할 수 있다.

⑥ 모든 시험이 적절하게 이루어졌는지 시험기록은 검토한 후 적합, 부적합, 보류를 판정하여야 한다.

⑦ 기준일탈이 된 경우는 규정에 따라 책임자에게 보고한 후 조사하여야 한다. 조사결과는 책임자에 의해 일탈, 부적합, 보류를 명확히 판정하여야 한다.

⑧ 표준품과 주요시약의 용기에는 다음 사항을 기재하여야 한다.

1. 명칭
2. 개봉일
3. 보관조건
4. 사용기한
5. 역가, 제조자의 성명 또는 서명(직접 제조한 경우에 한함)

제21조【검체의 채취 및 보관】 ① 시험용 검체는 오염되거나 변질되지 아니하도록 채취하고, 채취한 후에는 원상태에 준하는 포장을 해야 하며, 검체가 채취되었음을 표시하여야 한다.

② 시험용 검체의 용기에는 다음 사항을 기재하여야 한다.

1. 명칭 또는 확인코드
2. 제조번호
3. 검체채취 일자

③ 완제품의 보관용 검체는 적절한 보관조건 하에 지정된 구역 내에서 제조단위별로 사용기한 경과 후 1년간 보관하여야 한다. 다만, 개봉 후 사용기간을 기재하는 경우에는 제조일로부터 3년간 보관하여야 한다.

제22조【폐기처리 등】 ① 품질에 문제가 있거나 회수·반품된 제품의 폐기 또는 재작업 여부는 품질보증 책임자에 의해 승인되어야 한다.

② 재작업은 그 대상이 다음 각 호를 모두 만족한 경우에 할 수 있다.

1. 변질·변패 또는 병원미생물에 오염되지 아니한 경우
2. 제조일로부터 1년이 경과하지 않았거나 사용기한이 1년 이상 남아있는 경우

③ 재입고 할 수 없는 제품의 폐기처리규정을 작성하여야 하며 폐기 대상은 따로 보관하고 규정에 따라 신속하게 폐기하여야 한다.

제23조【위탁계약】 ① 화장품 제조 및 품질관리에 있어 공정 또는 시험의 일부를 위탁하고자 할 때에는 문서화된 절차를 수립·유지하여야 한다.

② 제조업무를 위탁하고자 하는 자는 제30조에 따라 식품의약품안전처장으로부터 우수화장품 제조 및 품질관리기준 적합판정을 받은 업소에 위탁제조하는 것을 권장한다.

③ 위탁업체는 수탁업체의 계약 수행능력을 평가하고 그 업체가 계약을 수행하는데 필요한 시설 등을 갖추고 있는지 확인해야 한다.

④ 위탁업체는 수탁업체와 문서로 계약을 체결해야 하며 정확한 작업이 이루어질 수 있도록 수탁업체에 관련 정보를 전달해야 한다.

⑤ 위탁업체는 수탁업체에 대해 계약에서 규정한 감사를 실시해야 하며 수탁업체는 이를 수용하여야 한다.

⑥ 수탁업체에서 생성한 위·수탁 관련 자료는 유지되어 위탁업체에서 이용 가능해야 한다.

제24조【일탈관리】 제조과정 중의 일탈에 대해 조사를 한 후 필요한 조치를 마련해야 한다.

제25조【불만처리】 ① 불만처리담당자는 제품에 대한 모든 불만을 취합하고, 제기된 불만에 대해 신속하게 조사하고 그에 대한 적절한 조치를 취하여야 하며, 다음 각 호의 사항을 기록·유지하여야 한다.

1. 불만 접수연월일
2. 불만 제기자의 이름과 연락처
3. 제품명, 제조번호 등을 포함한 불만내용
4. 불만조사 및 추적조사 내용, 처리결과 및 향후 대책
5. 다른 제조번호의 제품에도 영향이 없는지 점검

② 불만은 제품 결함의 경향을 파악하기 위해 주기적으로 검토하여야 한다.

제26조【제품회수】 ① 제조업자는 제조한 화장품에서 「화장품법」 제7조, 제9조, 제15조, 또는 제16조제1항을 위반하여 위해 우려가 있다는 사실을 알게 되면 지체 없이 회수에 필요한 조치를 하여야 한다.

② 다음 사항을 이행하는 회수 책임자를 두어야 한다.

1. 전체 회수과정에 대한 제조판매업자와의 조정역할
2. 결함 제품의 회수 및 관련 기록 보존
3. 소비자 안전에 영향을 주는 회수의 경우 회수가 원활히 진행될 수 있도록 필요한 조치 수행
4. 회수된 제품은 확인 후 제조소 내 격리보관 조치(필요 시에 한함)
5. 회수과정의 주기적인 평가(필요 시에 한함)

제27조【변경관리】 제품의 품질에 영향을 미치는 원자재, 제조공정 등을 변경할 경우에는 이를 문서화하고 품질보증책임자에 의해 승인된 후 수행하여야 한다.

제28조【내부감사】 ① 품질보증체계가 계획된 사항에 부합하는지를 주기적으로 검증하기 위하여 내부감사를 실시하여야 하고 내부감사 계획 및 실행에 관한 문서화된 절차를 수립하고 유지하여야 한다.

② 감사자는 감사대상과는 독립적이어야 하며, 자신의 업무에 대하여 감사를 실시하여서는 아니 된다.

③ 감사 결과는 기록되어 경영책임자 및 피감사 부서의 책임자에게 공유되어야 하고 감사 중에 발견된 결함에 대하여 시정조치 하여야 한다.

④ 감사자는 시정조치에 대한 후속 감사활동을 행하고 이를 기록하여야 한다.

제29조【문서관리】 ① 제조업자는 우수화장품 제조 및 품질보증에 대한 목표와 의지를 포함한 관리방침을 문서화하며 전 작업원들이 실행하여야 한다.

② 모든 문서의 작성 및 개정·승인·배포·회수 또는 폐기 등 관리에 관한 사항이 포함된 문서관리규정을 작성하고 유지하여야 한다.

③ 문서는 작업자가 알아보기 쉽도록 작성하여야 하며 작성된 문서에는 권한을 가진 사람의 서명과 승인연월일이 있어야 한다.

④ 문서의 작성자·검토자 및 승인자는 서명을 등록한 후 사용하여야 한다.

⑤ 문서를 개정할 때는 개정사유 및 개정연월일 등을 기재하고 권한을 가진 사람의 승인을 받아야 하며 개정 번호를 지정해야 한다.

⑥ 원본 문서는 품질보증부서에서 보관하여야 하며, 사본은 작업자가 접근하기 쉬운 장소에 비치·사용하여야 한다.

⑦ 문서의 인쇄본 또는 전자매체를 이용하여 안전하게 보관해야 한다.

⑧ 작업자는 작업과 동시에 문서에 기록하여야 하며 지울 수 없는 잉크로 작성하여야 한다.

⑨ 기록문서를 수정하는 경우에는 수정하려는 글자 또는 문장 위에 선을 그어 수정 전 내용을 알아볼 수 있도록 하고 수정된 문서에는 수정사유, 수정연월일 및 수정자의 서명이 있어야 한다.

⑩ 모든 기록문서는 적절한 보존기간이 규정되어야 한다.

⑪ 기록의 훼손 또는 소실에 대비하기 위해 백업파일 등 자료를 유지하여야 한다.

제 5 장 판정 및 감독

제30조【평가 및 판정】 ① 우수화장품 제조 및 품질관리기준 적합판정을 받고자 하는 업소는 별지 제1호 서식에 따른 신청서(전자문서를 포함한다)에 다음 각 호의 서류를 첨부하여 식품의약품안전처장에게 제출하여야 한다. 다만, 일부 공정만을 행하는 업소는 별표 1에 따른 해당 공정을 별지 제1호 서식에 기재하여야 한다.

1. 삭제 <2012. 10. 16.>
2. 우수화장품 제조 및 품질관리기준에 따라 3회 이상 적용·운영한 자체평가표
3. 화장품 제조 및 품질관리기준 운영조직
4. 제조소의 시설내역
5. 제조관리현황
6. 품질관리현황

② 삭제 <2012. 10. 16.>

③ 삭제 <2012. 10. 16.>

④ 식품의약품안전처장은 제출된 자료를 평가하고 별표 2에 따른 실태조사를 실시하여 우수화장품 제조 및 품질관리기준 적합판정한 경우에는 별지 제3호 서식에 따른 우수화장품 제조 및 품질관리기준 적합업소 증명서를 발급하여야 한다. 다만, 일부 공정만을 행하는 업소는 해당 공정을 증명서 내에 기재하여야 한다.

제31조【우대조치】 ① 삭제 <2012. 10. 16.>

② 국제규격인증업체(CGMP, ISO9000) 또는 품질보증 능력이 있다고 인정되는 업체에서 제공된 원료·자재는 제공된 적합성에 대한 기록의 증거를 고려하여 검사의 방법과 시험 항목을 조정할 수 있다.

③ 식품의약품안전처장은 제30조에 따라 우수화장품 제조 및 품질관리기준 적합판정을 받은 업소는 정기 수거검정 및 정기감시 대상에서 제외할 수 있다.

④ 제30조에 따라 우수화장품 제조 및 품질관리기준 적합판정을 받은 업소는 별표 3에 따른 로고를 해당 제조업소와 그 업소에서 제조한 화장품에 표시하거나 그 사실을 광고할 수 있다.

제32조【사후관리】 ① 식품의약품안전처장은 제30조에 따라 우수화장품 제조 및 품질관리기준 적합판정을 받은 업소에 대해 별표 2의 우수화장품 제조 및 품질관리기준 실시상황 평가표에 따라 3년에 1회 이상 실태조사를 실시하여야 한다.

② 식품의약품안전처장은 사후관리 결과 부적합 업소에 대하여 일정한 기간을 정하여 시정하도록 지시하거나, 우수화장품 제조 및 품질관리기준 적합업소 판정을 취소할 수 있다.

③ 식품의약품안전처장은 제1항에도 불구하고 제조 및 품질관리에 문제가 있다고 판단되는 업소에 대하여 수시로 우수화장품 제조 및 품질관리기준 운영 실태조사를 할 수 있다.

제33조【재검토기한】 식품의약품안전처장은 「훈령·예규 등의 발령 및 관리에 관한 규정」에 따라 이 고시에 대하여 2016년 1월 1일 기준으로 매 3년이 되는 시점(매 3년째의 12월 31일까지를 말한다)마다 그 타당성을 검토하여 개선 등의 조치를 하여야 한다.

부　칙 〈제2009－70호, 2009.8.24.〉

제1조【시행일】 이 고시는 고시한 날부터 시행한다.

제2조【종전 고시의 폐지】 종전의 「우수화장품 제조 및 품질관리기준」(식품의약품안전청 고시 제2000－59호, 2000. 12. 1)은 이를 폐지한다.

부　칙 〈제2011－14호, 2011.3.24.〉

제1조【시행일】 이 고시는 고시한 날부터 시행한다.

제2조【경과조치】 ① 이 고시 시행 당시 이미 대한화장품협회장에게 접수된 우수화장품 제조 및 품질관리기준 적합업소 지정 신청서는 종전의 규정에 따른다.

② 이 고시 시행 당시 종전 규정에 따라 우수화장품 제조 및 품질관리기준 적합업소로

지정받은 업소는 이 고시에 따라 우수화장품 제조 및 품질관리기준 적합업소로 판정받은 것으로 본다.

제3조 【적용 예】 이 고시 제31조의 우대조치는 이 고시에 따라 우수화장품 제조 및 품질관리기준 적합업소로 판정받은 업소에서 제조한 화장품부터 적용한다.

부 칙 〈제2011-55호, 2011.9.19.〉

(개인정보보호법 고유식별정보 관련 고시 정비를 위한 「식품위해요소중점관리기준」 등 일부개정고시)

이 고시는 고시한 날부터 시행한다.

부 칙 〈제2012-106호, 2012.10.16.〉

제1조 【시행일】 이 고시는 고시 후 1개월이 경과한 날부터 시행한다.

제2조 【적용례】 이 고시는 고시 시행 후 최초로 화장품 제조업자가 우수화장품 제조 및 품질관리기준 실시상황 평가를 신청하는 경우부터 적용한다.

제3조 【경과조치】 이 고시 시행 당시 종전의 규정에 따라 우수화장품 제조 및 품질관리기준 적합판정을 받은 자는 개정 규정에 따른 우수화장품 제조 및 품질관리기준 적합판정을 받은 것으로 본다.

부 칙 〈제2013-31호, 2013.4.5.〉

(정부조직개편에 따른 소관명칭 변경을 위한 민원의 전자적 신청 및 처리에 관한 규정 등 일부개정)

제1조 【시행일】 이 고시는 고시한 날부터 시행한다.

부 칙 〈제2014-104호, 2014.3.21.〉

이 고시는 고시한 날부터 시행한다.

부 칙 〈제2014-202호, 2014.12.30.〉

제1조【시행일】 이 고시는 고시한 날부터 시행한다.

제2조【적용례】 이 고시 시행 당시 이미 접수된 우수화장품 제조 및 품질관리기준 실시상황 평가신청서는 개정 규정에 따라 전 공정에 대하여 평가 신청한 것으로 본다.

제3조【경과조치】 이 고시 시행 당시 종전의 규정에 따라 우수화장품 제조 및 품질관리기준 적합판정을 받은 자는 개정 규정에 따른 우수화장품 제조 및 품질관리기준의 전 공정에 대하여 적합판정을 받은 것으로 본다.

부 칙 〈제2015-58호, 2015.9.2.〉

제1조【시행일】 이 고시는 고시한 날부터 시행한다.

제2조【적용례】 이 고시는 고시 시행 후 제조업자가 신청하는 우수화장품 제조 및 품질관리기준 실시상황 평가부터 적용한다.

[별표 1] 해당공정
[별표 2] 우수화장품 제조 및 품질관리기준 실시상황 평가표
[별표 3] 우수화장품 제조 및 품질관리기준 적합업소 로고
[별표 1, 2, 3] 생략

[서식 1] 우수화장품 제조 및 품질관리기준 실시상황 평가신청서
[서식 2] 삭제
[서식 3] 우수화장품 제조 및 품질관리기준 적합업소 증명서
[서식 1, 2, 3] 생략

7. 수입화장품 품질검사 면제에 관한 규정

[시행 2015.11.30.] [식품의약품안전처고시 제2015-88호, 2015.11.30., 일부개정]
식품의약품안전처(화장품정책과), 043-719-3413

제1조【목적】 이 규정은 「화장품법」 제5조 및 같은 법 시행규칙 제11조에 따라 화장품 제조판매업자가 수입화장품의 품질검사를 면제받기 위하여 수입화장품의 제조업자에 대한 현지실사를 신청할 때에 필요한 신청절차·제출서류 및 평가방법, 인정취소와 관련하여 필요한 세부사항 등을 규정하여 수입화장품 품질관리업무에 적정을 기함을 목적으로 한다.

제2조【실사신청】 수입화장품의 품질검사 면제를 받고자 하는 제조판매업자는 별지 제1호 서식에 따른 수입화장품 제조업자 현지실사 신청서를 식품의약품안전처장(이하 "처장"이라 한다)에게 제출하여야 한다. 이미 발급된 수입화장품 제조업자 현지실사 평가인정서에 대하여 변경사항이 있는 경우에도 또한 같다.

제3조【제출서류】 제조판매업자는 제2조에 따른 실사를 신청하는 때에는 다음 각호의 서류를 첨부하여 제출하여야 한다.

1. 제조업소의 현황(「우수화장품 제조 및 품질관리기준」(식품의약품안전처 고시) 별표 2의 우수화장품 제조 및 품질관리기준 실시상황 평가표에 따라 작성한다)
2. 우수화장품 제조 및 품질관리기준 실시상황 자체평가표(「우수화장품 제조 및 품질관리기준」(식품의약품안전처 고시) 별표 2의 우수화장품 제조 및 품질관리기준 실시상황 평가표에 따라 작성한다)
3. 화장품 제조 및 품질관리기준 운영조직
   1) 화장품 제조 및 품질관리기준 조직 및 운영현황
   2) 품질관리부서 책임자의 이력서
   3) 화장품 제조 및 품질관리기준 교육규정과 실시 현황
4. 제조소의 시설내역
   1) 제조소의 평면도(각 작업소, 시험실, 보관소, 그 밖에 제조공정에 필요한 부대시설의 명칭과 출입문 및 복도 등을 표시한 1/100실측 평면도면)
   2) 공조 또는 환기시설 계통도
   3) 용수처리계통도
   4) 제조시설 및 기구내역(시설 및 기구명, 규격, 수량 등의 표시)
   5) 시험시설 및 기구내역(시설 및 기구명, 규격, 수량 등의 표시)

5. 제조관리현황
    1) 제조관리기준서 및 각종 규정목록
    2) 위·수탁제조 시 위·수탁 제조계약서 및 관리현황
    3) 작업소의 구분 및 출입에 관한 규정
    4) 작업소의 청소·소독방법과 관리현황
    5) 방충·방서관리 규정 및 실시현황
6. 품질관리현황
    1) 품질관리 시설 및 기구에 대한 교정 등 관리규정과 실시현황
    2) 제조용수관리 규정 및 시험실시 사례
    3) 품질관리 기기 및 기구에 대한 점검규정 및 기기대장
    4) 위·수탁시험 시 위·수탁시험 계약서 및 관리현황

제4조【현지실사 및 평가방법】 ① 처장은 제2조에 따른 수입화장품 제조업자 현지실사 신청을 받은 때에는 신청일부터 6개월 이내에 관련공무원 및 전문가로 하여금 현지실사팀을 구성하여 수입화장품 제조업자에 대한 현지실사를 실시한다.

② 제1항에 따른 현지실사의 평가는 「우수화장품 제조 및 품질관리기준」(식품의약품안전처 고시) 제30조에 따른 평가방법을 준용한다.

③ 처장은 제조판매업자에게 현지실사 일자, 평가자 명단 등을 현지실사일 전에 미리 알려주어야 한다.

제5조【평가인정서 발급 등】 ① 처장은 제4조에 따라 실시한 수입화장품 제조업자에 대한 현지실사 결과 수입화장품 제조업자의 품질관리기준이 「우수화장품 제조 및 품질관리기준」(식품의약품안전처 고시)보다 동등 이상이라고 평가받은 제조판매업자에게 별지 제2호 서식에 따른 평가인정서를 발급한다.

② 제1항에 따라 평가인정서를 발급받은 제조판매업자는 품질검사를 면제받고, 제조국 제조업자의 품질검사 시험성적서로 품질관리기록서를 갈음한다.

제6조【경비부담】 제2조부터 제4조까지의 규정에 따라 수입화장품 제조업자 현지실사 및 판정 등에 필요한 제반 소요비용은 수익자 부담원칙에 따라 제조판매업자가 부담하여야 한다.

제7조【사후관리】 ① 처장은 제4조에 따른 평가인정을 받은 수입화장품 제조업자에 대하여 필요 시 사후관리를 할 수 있다.

② 처장은 제1항에 따른 사후관리 결과 부적합하다고 인정된 업소에 대하여는 일정한 기간을 정하여 보완하도록 할 수 있다.

제7조의2【현지실사 평가 인정 취소 절차 등】 ① 처장은 제7조제2항에 따른 보완요청을 받

은 제조판매업자가 이를 이행하지 않는 경우에는 1회에 한하여 재보완을 요청할 수 있다.

② 처장은 제1항에 따라 재보완을 요청받은 제조판매업자가 재보완을 완료하도록 요청한 기일까지 이를 이행하지 않는 경우에는 시행규칙 제11조제8호의2에 따라 현지실사 평가 인정을 취소하여야 하며, 즉시 해당 제조판매업자에게 취소 사실을 통보하여야 한다.

③ 제2항에 따라 현지실사 평가 인정이 취소된 제조판매업자는 통보받은 다음날부터 수입되는 화장품에 대하여 시행규칙 제11조제5호 본문에 따른 제조번호별 품질검사를 실시하여야 한다.

제8조【재검토기한】 처장은 「훈령·예규 등의 발령 및 관리에 관한 규정」에 따라 이 고시에 대하여 2016년 1월 1일 기준으로 매 3년이 되는 시점(매 3년째의 12월 31일까지를 말한다)마다 그 타당성을 검토하여 개선 등의 조치를 하여야 한다.

부 칙 〈제2000-52호, 2000.10.28.〉

이 고시는 고시한 날부터 시행한다.

부 칙 〈제2009-69호, 2009.8.24.〉

제1조【시행일】 이 고시는 고시한 날부터 시행한다.

제2조【종전 고시의 폐지】 종전의 「수입화장품 품질검사 면제에 관한 규정」(식품의약품안전청 고시 제2000-52호, 2000. 10. 28)은 이를 폐지한다.

부 칙 〈제2009-190호,2009.12.22.〉

(행정규칙 서식 일제정비를 위한 건강기능식품 기능성 원료인정에 관한 규정 등 고시 일부개정)

제1조【시행일】 이 고시는 고시한 날부터 시행한다.

부 칙 〈제2012-99호, 2012.9.4.〉

제1조【시행일】 이 고시는 고시 후 1개월이 경과한 날부터 시행한다.

제2조【적용례】 이 고시는 고시 시행 후 최초로 화장품 제조판매업자가 수입화장품의 제조업자에 대한 현지실사를 신청하는 경우부터 적용한다.

제3조【경과조치】 이 고시 시행 당시 종전의 규정에 따라 수입화장품 제조업자 현지실사 평가인정서를 받은 자는 개정 규정에 따른 수입화장품 제조업자 현지실사 평가인정서를 받은 것으로 본다.

부 칙〈제2013－30호,2013.4.5.〉

(정부조직개편에 따른 소관명칭 변경을 위한 민원의 전자적 신청 및 처리에 관한 규정 등 일부개정)

이 고시는 고시한 날부터 시행한다.

부 칙〈제2014－205호, 2014.12.30.〉

이 고시는 고시한 날부터 시행한다.

부 칙〈제2015－88호, 2015.11.30.〉

제1조【시행일】 이 고시는 고시한 날부터 시행한다.

제2조【현지실사 평가 인정 취소에 관한 적용례】 제7조2 신설 규정은 이 고시 시행 후 최초로 제7조의 사후관리를 받은 자부터 적용한다.

[서식 1] **수입화장품 제조업자 현지실사 신청서**

[서식 2] **수입화장품 제조업자 현지실사 평가인정서**

[서식 1, 2] **생략**

8. 화장품 법령·제도 등 교육실시기관 지정 및 교육에 관한 규정

[시행 2015.10.30.] [식품의약품안전처고시 제2015-80호, 2015.10.30., 일부개정]
식품의약품안전처(화장품정책과), 043-719-3409

제1장 총 칙

제1조【목적】 이 규정은 「화장품법」 제5조제4항, 제5항 및 같은 법 시행규칙 제14조의 규정에 따른 화장품 법령·제도 등 교육실시기관을 지정하고 화장품의 안전성 확보 및 품질관리에 관한 교육에 필요한 사항을 정함을 목적으로 한다.

제2장 교육실시기관 지정

제2조【교육실시기관 지정 신청】 ① 「화장품법 시행규칙」 제14조제5항에 따라 식품의약품안전처장에게 교육실시기관으로 지정받으려는 기관·단체는 식품의약품안전처장이 공고한 기간 내에 별지 제1호 서식에 따른 교육실시기관 지정 신청서(전자문서로 된 신청서를 포함한다)에 다음 각 호의 서류(전자문서를 포함한다)를 첨부하여 식품의약품안전처장에게 신청하여야 한다.

1. 기관·단체의 설립 목적을 확인할 수 있는 정관 등 서류
2. 별표 1의 교육실시기관의 지정기준을 충족하는 시설 관련 자료
3. 교육 관련 조직 및 직무(급)별 명단
4. 강사 현황 및 자격·경력을 증빙하는 서류
5. 다음 각 목이 포함된 교육 운영에 관한 내부 규정
   가. 교육 목적
   나. 교육 과정에 관한 사항
   다. 교육 과정별 교육 과목 및 내용에 관한 사항
   라. 교육 진행에 관한 사항
   마. 강사에 관한 사항
   바. 교재비·실습비 및 강사 수당 등 교육에 필요한 비용에 관한 사항
   사. 교육 평가 및 수료 기준에 관한 사항

아. 수료증, 수료증 교부대장 등 교육과 관련된 서식

자. 그 밖의 교육 실시에 필요한 사항

② 제1항에 따라 신청서를 받은 식품의약품안전처장은 「전자정부법」 제36조제1항에 따른 행정정보의 공동이용을 통하여 법인 등기사항증명서(법인인 경우만 해당한다)를 확인하여야 한다.

제3조【교육실시기관의 지정 기준 및 지정 절차】 ① 「화장품법 시행규칙」 제14조제11항에 따른 교육실시기관 지정에 관한 세부기준은 별표 1과 같다.

② 식품의약품안전처장은 제2조제1항에 따라 교육실시기관 지정 신청을 한 기관·단체가 별표 1의 지정 기준에 적합한지 여부의 자문을 받기 위하여 "화장품 교육실시기관 지정 자문위원회"를 둘 수 있다.

③ 제2항에 따른 자문위원회 위원은 다음 각 호의 자로 한다.

1. 식품의약품안전처 화장품 관련 부서의 장
2. 식품의약품안전처 정책자문위원회 중 화장품제도기술전문가협의체 위원
3. 기타 식품의약품안전처장이 위촉한 자

④ 식품의약품안전처장은 제2조제1항에 따라 교육실시기관 지정 신청을 한 기관·단체 중 제1항에 따른 교육실시기관 지정 기준에 적합하다고 인정되는 경우에는 별지 제2호 서식에 따른 교육실시기관 지정서를 발급하고 고시하여야 한다.

제3조의2【교육실시기관의 지정】 식품의약품안전처장이 제3조의 규정에 따른 기준에 적합하다고 인정한 교육실시기관은 별표 2와 같다.

제4조【지정 사항의 변경】 ① 교육실시기관의 장은 다음 각 호의 어느 하나에 해당하는 사항을 변경하고자 하는 경우에는 변경의 사유가 발생한 날로부터 30일 이내에 지정서와 변경사유서 및 근거 서류를 첨부하여 식품의약품안전처장에게 제출하여야 한다.

1. 실시기관의 명칭
2. 실시기관의 장
3. 소재지

② 식품의약품안전처장은 제1항에 따른 변경 내용을 검토하여 제3조에 따른 교육실시기관 지정 기준에 적합한 경우 지정서에 변경 내용을 이면 기재하여 교부하여야 한다. 다만 실시기관의 명칭이 변경되는 경우에는 개정 고시하여야 한다.

제3장 교육 운영 등

제5조【교육 계획의 제출 등】 ① 교육실시기관의 장은 「화장품법 시행규칙」 제14조제6항에 따라 다음 각 호의 사항이 포함된 교육 계획을 수립하여 교육을 시행할 해의 전년도 11월 30일까지 식품의약품안전처장에게 제출하여야 한다.

1. 교육 과정
2. 교육 과정별 교육 과목 및 내용
3. 교육 대상자 및 예상 인원
4. 과목별 교육시간
5. 교육 장소 및 일정
6. 교육에 필요한 비용 및 산출 내역
7. 교육 방법
8. 교육 평가 및 수료 기준
9. 연간 교육일정표
10. 그 밖의 교육 실시에 필요한 사항

② 제1항에 따른 교육 계획을 변경할 경우에는 교육 개시 1개월 전까지 변경계획을 식품의약품안전처장에게 제출하여야 한다.

③ 식품의약품안전처장은 제1항 및 제2항에 따라 제출된 교육 계획을 검토하여 이를 승인하여야 하며 필요한 경우 시정 또는 보완을 요구할 수 있다.

④ 교육실시기관의 장은 제조판매관리자, 제조업자 및 제조판매업자가 「화장품법 시행규칙」 제14조제7항의 교육을 이수하기 위하여 매 분기별 1회 이상 교육 과정을 개설하여야 한다.

제6조【교육 내용】 교육실시기관의 장은 다음 각 호의 교육 내용을 포함하여 제7조에 따른 교육 대상자에게 교육을 실시하여야 한다.

1. 화장품 관련 법령 및 제도에 관한 사항
2. 화장품 안전성 확보에 관한 사항
3. 「화장품법 시행규칙」 별표 1에 따른 품질관리기준에 관한 사항
4. 「화장품법 시행규칙」 별표 2에 따른 제조판매 후 안전관리기준에 관한 사항
5. 「화장품법」 제8조에 따른 화장품 안전기준 등에 관한 사항

제7조【교육 대상자 등】 ① 교육실시기관에서 교육을 이수하여야 하는 대상자는 「화장품법 시행규칙」 제14조에서 정하는 자로 한다.

② 「화장품법 시행규칙」 제14조제1항에 따른 제조판매관리자는 매년 4시간 이상, 8시간 이하 교육 과정을 이수하여야 한다.

③ 「화장품법 시행규칙」 제14조제1항제1호 내지 제4호에 따른 제조업자 또는 제조판매업자는 교육이수 명령을 받고 6개월 이내에 4시간 이상, 8시간 이하 교육 과정을 이수하여야 한다.

제7조의2【교육의 유예】 ① 「화장품법 시행규칙」 제14조제3항에 따라 교육의 유예를 받으려는 자는 별지 제6호 서식의 교육유예신청서에 이를 입증하는 서류를 첨부하여 교육이수기한 종료일 전까지 지방식품의약품안전청장에게 제출하여야 한다.

② 지방식품의약품안전청장은 제1항에 따라 제출된 교육유예신청서가 「화장품법 시행규칙」 제14조제2항에서 정한 교육유예 사유에 해당될 경우에는 별지 제7호 서식의 교육유예확인서에 변경된 교육이수기한을 기재하여 발급하여야 한다.

③ 제2항에 따른 교육유예확인서를 발급받은 자는 변경된 교육이수기한 내에 유예받은 교육을 이수하여야 한다.

제8조【교육 결과 보고 등】 ① 교육실시기관의 장이 「화장품법 시행규칙」 제14조제9항에 따라 교육을 시행한 해의 다음년도 1월 31일까지 식품의약품안전처장에게 보고하여야 하는 결과보고의 양식은 별지 제3호 서식에 따른다.

② 교육실시기관의 장이 「화장품법 시행규칙」 제14조제9항에 따라 교육을 수료한 자에게 수료증을 교부할 때에는 별지 제4호 서식에 따른 수료증을 교부하고, 별지 제5호 서식에 따른 수료증교부대장(전자문서를 포함한다)에 그 내역을 작성하여 교육 시간, 교육대상자명부, 교육 내용 등 교육에 관한 기록 및 이를 증명할 수 있는 자료와 함께 「화장품법 시행규칙」 제14조제6항에서 정하는 기간 동안 보관하여야 한다.

제9조【재검토 기한】 식품의약품안전처장은 「훈령·예규 등의 발령 및 관리에 관한 규정」에 따라 이 고시에 대하여 2016년 1월 1일 기준으로 매 3년이 되는 시점(매 3년째의 12월 31일까지를 말한다)마다 그 타당성을 검토하여 개선 등의 조치를 하여야 한다.

부 칙 〈제2012-126호, 2012.12.27.〉

이 고시는 고시한 날로부터 시행한다.

부 칙 〈제2013-35호, 2013.4.5.〉

(정부조직개편에 따른 소관명칭 변경을 위한 민원의 전자적 신청 및 처리에 관한 규정 등 일부개정)

이 고시는 고시한 날로부터 시행한다.

부　칙 〈제2013-180호, 2013.4.29.〉

이 고시는 고시한 날부터 시행한다.

부　칙 〈제2015-80호, 2015.10.30.〉

이 고시는 고시한 날로부터 시행한다.

[별표 1] 교육실시기관의 지정 기준(제3조 관련)
[별표 2] 화장품 교육실시기관 지정(제3조의2 관련)
[별표 1, 2] 생략

[서식 1] 화장품 교육실시기관 지정 신청서
[서식 2] 화장품 교육실시기관 지정서
[서식 3] 교육결과 보고서(제8조 관련)
[서식 4] 수료증
[서식 1, 2, 3, 4] 생략

9. 화장품의 생산·수입실적 및 원료목록 보고에 관한 규정

[시행 2015.12.9.] [식품의약품안전처고시 제2015-92호, 2015.12.9., 일부개정]
식품의약품안전처(화장품정책과), 043-719-3414

제1조【목적】「화장품법」 제5조제3항 및 같은 법 시행규칙 제13조에 따라 화장품 제조판매업자의 생산실적, 수입실적 및 화장품의 제조과정에 사용된 원료의 목록 보고에 관하여 필요한 사항을 규정함을 목적으로 한다.

제2조【생산실적 등 보고방법】 ①「화장품법」 시행규칙 제13조제1항에 따라 지난 해의 생산·수입실적 및 화장품의 제조과정에 사용된 원료의 목록(이하 "원료목록"이라 한다)을 보고하려는 제조판매업자는 업 유형별로 다음 각 호의 서식을 별표 1 및 별표 2에 따라 작성하여 매년 2월 말까지 제3조에서 정한 각 관련단체의 장에게 제출하여야 한다.

1. 「화장품법」 시행규칙 제4조제1항제1호, 제2호의 제조판매업자
   가. 생산실적 : 별지 제1호서식 및 제2호서식
   나. 원료목록 : 별지 제5호서식 및 제6호 서식
2. 「화장품법」 시행규칙 제4조제1항제3호의 제조판매업자
   가. 수입실적 : 별지 제3호서식 및 제4호서식
   나. 원료목록 : 별지 제5호서식 및 제6호서식

② 제조판매업자는 제1항에 따라 작성한 서식을 전산매체(CD 또는 디스켓 등을 말한다)에 수록하거나 정보통신망을 이용하여 제출한다.

③ 제1항에도 불구하고 「전자무역 촉진에 관한 법률」에 의하여 전자문서교환방식으로 표준통관예정보고를 하고 수입한 자는 제1항에 따른 수입실적보고 및 원료목록 보고를 하지 아니할 수 있다.

④ 관련단체의 장은 제1항에 따라 제출(제3항에 따라 표준통관예정보고 받은 경우를 포함한다)받은 화장품의 생산·수입실적 및 원료목록을 식품의약품안전처장에게 정보통신망 등을 이용하여 보고하여야 한다.

제3조【보고서 제출기관】 제2조에 따라 화장품 제조판매업자가 화장품의 생산·수입실적 및 원료목록을 제출하여야 할 관련단체는 다음 각 호와 같다.

1. 생산실적 및 국내 제조 화장품 원료목록 보고 : (사)대한화장품협회
2. 수입실적 및 수입 화장품 원료목록 보고 : (사)한국의약품수출입협회

제4조【재검토기한】 식약처장은 「훈령·예규 등의 발령 및 관리에 관한 규정」에 따라 이

고시에 대하여 2016년 1월 1일 기준으로 매 3년이 되는 시점(매 3년째의 12월 31일까지를 말한다)마다 그 타당성을 검토하여 개선 등의 조치를 하여야 한다.

부 칙 〈제2012－125호, 2012.12.26.〉

제1조【시행일】 이 고시는 고시한 날부터 시행한다.

제2조【적용례】 이 고시는 2012년도 화장품 생산·수입실적 및 원료목록 보고부터 적용한다.

부 칙 〈제2013－25호, 2013.4.5.〉

(정부조직개편에 따른 소관명칭 변경을 위한 민원의 전자적 신청 및 처리에 관한 규정 등 일부개정)

제1조【시행일】 이 고시는 고시한 날부터 시행한다.

부 칙 〈제2014－157호, 2014.9.5.〉

이 고시는 고시한 날부터 시행한다.

10. 위해평가 방법 및 절차 등에 관한 규정

[시행 2015.8.21.] [식품의약품안전처고시 제2015－53호, 2015.8.21., 일부개정]
식품의약품안전처(소비자위해예방정책과), 043－719－1722

제1장 총 칙

제1조【목적】 이 고시는 「식품위생법」 제15조 및 같은 법 시행령 제4조에 따른 식품, 식품첨가물, 기구, 용기·포장, 「축산물 위생관리법」 제33조의2 및 같은 법 시행령 제26조의6에 따른 축산물, 「화장품법」 제8조제3항 및 같은 법 시행규칙 제17조에 따른 화장품의 위해평가를 과학적이고, 객관적이며, 투명하게 수행하기 위하여 위해평가의 방법 및 절차 등에 관한 세부사항을 정함을 목적으로 한다.

제2조【용어의 정의】 이 고시에서 사용하는 용어의 정의는 다음과 같다.

1. "위해요소"란 식품, 식품첨가물, 기구, 용기·포장, 축산물(이하 "식품등"이라 한다) 또는 화장품에 존재하여 인체 건강에 유해영향을 일으킬 수 있는 화학적, 물리적, 미생물적 요인을 말한다.
2. "위해평가"란 인체가 식품등 또는 화장품에 존재하는 위해요소에 노출되었을 때 발생할 수 있는 유해영향과 발생확률을 과학적으로 예측하는 일련의 과정으로 위험성 확인, 위험성 결정, 노출평가, 위해도 결정 등 일련의 단계를 말한다.
3. "위험성 확인"이란 위해요소를 대상으로 인체 내 독성을 나타내는 잠재적 성질을 과학적으로 확인하는 과정을 말한다.
4. "위험성 결정"이란 동물독성자료, 인체독성자료 등을 토대로 위해요소의 인체노출 허용량 등을 정량적 또는 정성적으로 산출하는 과정을 말한다.
5. "노출평가"란 식품등의 섭취 또는 화장품의 사용 등을 통하여 노출된 위해요소의 정량적 또는 정성적 분석 자료를 근거로 인체 노출수준을 산출하는 과정을 말한다.
6. "위해도 결정"이란 위험성 확인, 위험성 결정 및 노출평가 결과 등을 토대로 위해도를 산출하여 현 노출수준이 건강에 미치는 유해영향 발생 가능성을 판단하는 과정을 말하며, 불확실성의 평가를 포함한다.
7. "인체노출 허용량"이란 식품등 또는 화장품 및 생활환경 등을 통하여 위해요소에 노출되었을 경우 현재의 과학 수준에서 유해영향이 나타나지 않는다고 판단되는 인체노출안전기준을 말한다.

8. “위해지수”란 식품등에 존재하는 위해요소의 일일평균노출량을 인체노출 허용량 등으로 나눈 값을 말한다.
9. “안전역”이란 화장품에 존재하는 위해요소의 최대무독성용량을 일일인체노출량으로 나눈 값을 말한다.

제 2 장 식품등의 위해평가

제3조【위해평가의 대상 및 평가대상인 위해요소】 식품등의 위해평가 대상 및 요소는 「식품위생법 시행령」 제4조제1항 및 제2항 또는 「축산물 위생관리법 시행령」 제26조의6의 제1항제1호 및 제2호에 따른다.

제4조【위해평가의 방법】 ① 식품등의 위해평가 방법은 다음 각 호와 같다.

1. 위험성 확인 : 위해요소에 노출됨에 따라 발생할 수 있는 독성의 정도와 영향의 종류 등을 파악한다.
2. 위험성 결정 : 동물 실험결과 등의 불확실성 등을 보정하여 인체노출 허용량을 결정한다.
3. 노출평가 : 식품등을 통하여 노출되는 위해요소의 양 또는 수준을 정량적 또는 정성적으로 산출한다.
4. 위해도 결정 : 위해요소 및 이를 함유한 식품 등 섭취에 따른 건강상 영향, 인체노출 허용량 또는 수준 및 식품등 이외의 환경 등에 의하여 노출되는 위해요소의 양을 고려하여 사람에게 미칠 수 있는 위해의 정도와 발생빈도 등을 정량적 또는 정성적으로 예측한다.

② 현재의 과학기술 수준 또는 자료 등의 제한이 있거나 신속한 위해평가가 요구될 경우 식품등의 위해평가는 다음 각 호와 같이 실시할 수 있다.

1. 국제식품규격위원회 등 국제기구 및 신뢰성 있는 국내·외 위해평가기관 등에서 평가한 위험성 확인 및 위험성 결정결과를 준용하거나 인용할 수 있다.
2. 위험성 결정이 어려울 경우 위험성 확인과 노출평가만으로 위해도를 예측할 수 있다.
3. 식품등의 섭취에 따른 사망 등의 위해가 발생하였을 경우, 위험성 확인만으로 위해도를 예측할 수 있다.
4. 노출평가 자료가 불충분하거나 없는 경우 활용 가능한 과학적 모델을 토대로 노출평가를 실시할 수 있다.
5. 특정집단에 노출가능성이 클 경우 어린이 및 임산부 등 민감집단 및 고위험집단을 대

상으로 위해평가를 실시할 수 있다.

③ 화학적 위해요소에 대한 위해도 결정은 물질의 특성에 따라 위해지수 등으로 표현하고, 국내·외 위해평가 결과 등을 종합적으로 비교·분석하여 최종 판단한다.

④ 미생물적 위해요소에 대한 위해도 결정은 미생물 생육 예측 모델 결과값, 용량-반응 모델 결과값 등을 이용하여 인체 건강에 미치는 유해영향 발생 가능성 등을 최종 판단한다.

⑤ 기타 위해요소의 종류 및 특성 등에 따른 구체적 위해평가방법은 식품위생심의위원회 위해평가분과에서 정하는 바에 따를 수 있다.

제5조【위해평가의 절차 등】 ① 식품의약품안전처장은 제4조에 따라 위해평가를 수행하여야 한다.

② 식품의약품안전처장은 위해평가 수행에 필요한 자료를 국내·외 관련 전문기관, 대학, 학회 등에 요청할 수 있다.

③ 식품의약품안전처장은 위해평가 과정에서 필요한 경우 관계 전문가의 의견을 청취할 수 있다.

④ 식품의약품안전처장은 위해평가가 완료되면 요약, 위해평가의 목적·범위·내용·방법·결론, 참고문헌 등을 포함한 결과보고서를 작성하여야 한다.

⑤ 식품의약품안전처장은 위해평가 결과에 대하여 식품위생심의위원회 위해평가분과 또는 축산물위생심의위원회의 심의·의결을 거쳐야 한다. 다만, 위해평가가 시급한 경우 사후에 심의·의결을 거칠 수 있다.

⑥ 제5항에도 불구하고 기준·규격 설정 시 식품위생심의위원회 또는 축산물위생심의위원회 해당 전문 분야별 분과의 심의·의결을 거친 경우에는 위해평가분과의 심의·의결을 거친 것으로 본다.

제6조【외부기관의 위해평가 요청 등】 ① 식품의약품안전처장은 「식품위생법 시행령」 제4조제1항제3호에 따른 소비자단체 또는 식품등 관련 학회의 위해평가 요청이 있는 경우 식품위생심의위원회 위해평가분과 또는 축산물위생심의위원회를 소집하여 인체의 건강을 해칠 우려가 있는지 여부를 심의한다.

② 식품의약품안전처장은 식품위생심의위원회 위해평가분과 또는 축산물위생심의위원회의 심의를 위하여 필요한 경우 「식품위생법 시행령」 제4조제1항제3호의 요청단체 등에 대하여 다음 각 호의 자료를 요구할 수 있다.

1. 위해 발생 또는 위해의 가능성에 대한 객관적 입증 자료
2. 위해요소와 그 대상 식품의 종류 및 위해요소 검출수준
3. 국제식품규격위원회 등 국제기구나 제외국의 규제현황 및 위해평가 결과
4. 기타 위해평가에 필요한 자료

③ 식품의약품안전처장은 위해평가를 실시함에 있어 「식품위생법 시행령」 제4조제1항제3호의 요청단체 등에 필요한 자료를 보완 요청할 수 있다.

제 3 장 화장품의 위해평가

제7조【위해평가의 대상 및 평가대상인 위해요소】 ① 화장품의 위해평가 대상은 다음 각 호와 같다.

1. 국제기구 또는 외국 정부가 인체의 건강을 해칠 우려가 있다고 인정하여 판매하거나 판매할 목적으로 제조·수입·사용 또는 진열을 금지하거나 제한한 화장품
2. 국내외의 연구·검사기관에서 인체의 건강을 해칠 우려가 있는 원료 또는 성분 등이 검출된 화장품
3. 새로운 원료·성분 또는 기술을 사용하여 생산·제조·조합되거나 안전성에 대한 기준 및 규격이 정하여지지 아니하여 인체의 건강을 해칠 우려가 있는 화장품

② 화장품의 위해평가에서 평가하여야 할 위해요소는 다음 각 호와 같다.

1. 화장품 제조에 사용된 성분
2. 중금속, 환경오염물질 및 제조·보관 과정에서 생성되는 물질 등 화학적 요인
3. 이물(異物) 등 물리적 요인
4. 세균 등 미생물적 요인

제8조【위해평가의 방법】 ① 화장품의 위해평가 방법은 다음 각 호와 같다.

1. 위험성 확인 : 위해요소에 노출됨에 따라 발생할 수 있는 독성의 정도와 영향의 종류 등을 파악한다.
2. 위험성 결정 : 동물 실험결과, 동물대체 실험결과 등의 불확실성 등을 보정하여 인체 노출 허용량을 결정한다.
3. 노출평가 : 화장품의 사용을 통하여 노출되는 위해요소의 양 또는 수준을 정량적 또는 정성적으로 산출한다.
4. 위해도 결정 : 위해요소 및 이를 함유한 화장품의 사용에 따른 건강상 영향, 인체노출 허용량 또는 수준 및 화장품 이외의 환경 등에 의하여 노출되는 위해요소의 양을 고려하여 사람에게 미칠 수 있는 위해의 정도와 발생빈도 등을 정량적 또는 정성적으로 예측한다.

② 화장품 중의 위해요소에 대한 위해도 결정은 안전역 등으로 표현하고 국내·외 위해평가 결과 등을 종합적으로 비교·분석하여 최종 판단한다.

③ 현재의 과학기술 수준 또는 자료 등의 제한이 있거나 신속한 위해평가가 요구될 경

우 화장품의 위해평가는 다음 각 호와 같이 실시할 수 있다.

1. 국제기구 및 신뢰성 있는 국내·외 위해평가기관 등에서 평가한 위험성 확인 및 위험성 결정 결과를 준용하거나 인용할 수 있다.
2. 위험성 결정이 어려울 경우 위험성 확인과 노출평가만으로 위해도를 예측할 수 있다.
3. 화장품의 사용에 따른 사망 등의 위해가 발생하였을 경우, 위험성 확인만으로 위해도를 예측할 수 있다.
4. 노출평가 자료가 불충분하거나 없는 경우 활용 가능한 과학적 모델을 토대로 노출평가를 실시할 수 있다.
5. 특정집단에 노출가능성이 클 경우 어린이 및 임산부 등 민감집단 및 고위험집단을 대상으로 위해평가를 실시할 수 있다.

제9조【위해평가의 절차 등】 ① 식품의약품안전처장은 제8조에 따라 위해평가를 수행하여야 한다.

② 식품의약품안전처장은 위해평가 수행에 필요한 자료를 국내·외 관련 전문기관, 대학, 학회 등에 요청할 수 있다.

③ 식품의약품안전처장은 위해평가 과정에서 필요한 경우 관계 전문가의 의견을 청취할 수 있다.

④ 식품의약품안전처장은 위해평가가 완료되면 요약, 위해평가의 목적·범위·내용·방법·결론, 참고문헌 등을 포함한 결과보고서를 작성하여야 한다.

⑤ 식품의약품안전처장은 위해평가 결과에 대하여 「식품의약품안전처 정책자문위원회 규정」에 따른 화장품 분야 소위원회의 심의·의결을 거쳐야 한다.

제 4 장 권한의 내부위임 등

제10조【권한의 내부위임】 식품의약품안전처장은 다음 각 호의 사항에 관한 권한을 식품의약품안전평가원장에게 위임한다.

1. 제5조제1항부터 제4항까지 또는 제9조제1항부터 제4항까지에 따른 위해평가 수행, 외부 자료요청, 전문가 의견 청취 및 결과 보고서 작성
2. 제6조제3항에 따른 자료 보완 요청
3. 그 밖에 위해평가를 위하여 식품의약품안전처장이 필요하다고 인정하는 사항

제11조【세부지침의 제정·운영】 식품의약품안전평가원장은 이 규정에 저촉되지 않는 범위에서 제10조제1호에 따른 위해평가 수행 등을 위한 세부 지침을 제정·운영할 수 있다.

제5장 보 칙

제12조【보고】 제10조 관련 위해평가 수행 등에 대하여 권한을 위임받은 식품의약품안전평가원장은 위해평가 결과보고서 작성이 완료되었을 경우, 이를 식품의약품안전처장에게 보고하여야 한다.

제13조【재검토기한】 식품의약품안전처장은 「훈령·예규 등의 발령 및 관리에 관한 규정」에 따라 이 고시에 대하여 2016년 1월 1일 기준으로 매3년이 되는 시점(매 3년째의 12월 31일까지를 말한다)마다 그 타당성을 검토하여 개선 등의 조치를 하여야 한다.

부 칙 〈제2007-87호, 2007.12.27.〉

① (시행일) 이 고시는 고시한 날부터 시행한다.

부 칙 〈제2009-14호, 2009.5.1.〉

이 고시는 고시한 날부터 시행한다.

부 칙 〈제2009-82호, 2009.8.24.〉

이 고시는 고시한 날부터 시행한다.

부 칙 〈제2009-167호, 2009.11.9.〉

이 고시는 고시한 날부터 시행한다.

부 칙 〈제2012-28호, 2012.5.30.〉

이 고시는 고시한 날부터 시행한다.

부 칙 〈제2012-85호, 2012.8.24.〉

이 고시는 고시한 날부터 시행한다.

부 칙 〈제2012-120호, 2012.12.18.〉

이 고시는 고시한 날부터 시행한다.

부 칙 〈제2013-36호, 2013.4.5.〉

(정부조직개편에 따른 소관명칭 변경을 위한 민원의 전자적 신청 및 처리에 관한 규정 등 일부개정)

이 고시는 고시한 날부터 시행한다.

부 칙 〈제2015-53호, 2015.8.21.〉

제1조【시행일】 고시는 고시한 날부터 시행한다.

제2조【다른 고시의 폐지】「축산물의 위해평가 방법·기준 및 절차」(식품의약품안전처 고시, 제2013-49호, 2013. 4. 5)를 폐지한다.

11. 화장품의 색소 종류와 기준 및 시험방법

[시행 2016.3.25.] [식품의약품안전처고시 제2016－17호, 2016.2.24., 일부개정]
식품의약품안전처(화장품정책과), 043－719－3410

제1조【목적】「화장품법」 제8조제2항에 따라 화장품에 사용할 수 있는 화장품의 색소 종류와 색소의 기준 및 시험방법을 정함을 목적으로 한다.

제2조【용어의 정의】 이 고시에서 사용하는 용어의 뜻은 다음과 같다.

1. "색소"라 함은 화장품이나 피부에 색을 띠게 하는 것을 주요 목적으로 하는 성분을 말한다.
2. "타르색소"라 함은 제1호의 색소 중 콜타르, 그 중간생성물에서 유래되었거나 유기합성하여 얻은 색소 및 그 레이크, 염, 희석제와의 혼합물을 말한다.
3. "순색소"라 함은 중간체, 희석제, 기질 등을 포함하지 아니한 순수한 색소를 말한다.
4. "레이크"라 함은 타르색소를 기질에 흡착, 공침 또는 단순한 혼합이 아닌 화학적 결합에 의하여 확산시킨 색소를 말한다.
5. "기질"이라 함은 레이크 제조 시 순색소를 확산시키는 목적으로 사용되는 물질을 말하며 알루미나, 브랭크휙스, 크레이, 이산화티탄, 산화아연, 탤크, 로진, 벤조산알루미늄, 탄산칼슘 등의 단일 또는 혼합물을 사용한다.
6. "희석제"라 함은 색소를 용이하게 사용하기 위하여 혼합되는 성분을 말하며, 「화장품 안전기준 등에 관한 규정」(식품의약품안전처 고시) 별표 1의 원료는 사용할 수 없다.
7. "눈 주위"라 함은 눈썹, 눈썹 아래쪽 피부, 눈꺼풀, 속눈썹 및 눈(안구, 결막낭, 윤문상 조직을 포함한다)을 둘러싼 뼈의 능선 주위를 말한다.

제3조【화장품 색소의 종류】 화장품의 색소의 종류, 사용부위 및 사용한도는 별표 1 및 별표 2와 같으며, 레이크는 제4조에 정하는 바에 따른다. 다만, 특별한 경우에 한하여 그 사용을 제한할 수 있다.

제4조【레이크의 종류】 제3조에 따른 레이크는 별표 1로 정한 색소의 나트륨, 칼륨, 알루미늄, 바륨, 칼슘, 스트론튬 또는 지르코늄염(염이 아닌 것은 염으로 하여)을 기질에 확산시켜서 만든 레이크로 한다.

제5조【기준 및 시험방법】 색소의 기준 및 시험방법은 별표 3 및 별표 4와 같다. 다만, 시험방법의 경우 별표 3 및 별표 4에 따라 시험하되, 기타 과학적·합리적으로 타당성이 인정되는 경우 자사 시험방법으로 시험할 수 있다.

제6조【재검토기한】 식품의약품안전처장은 「훈령·예규 등의 발령 및 관리에 관한 규정」에 따라 이 고시에 대하여 2017년 1월 1일 기준으로 매 3년이 되는 시점(매 3년째의 12월 31일까지를 말한다)마다 그 타당성을 검토하여 개선 등의 조치를 하여야 한다.

부 칙 〈제2011-18호, 2011.4.21.〉

제1조【시행일】 이 고시는 고시 후 6개월이 경과한 날부터 시행한다.

제2조【적용례】 이 고시는 고시 시행 후 제조업자가 제조하거나 수입자가 수입하는 화장품부터 적용한다.

제3조【다른 고시의 개정】 「의약품·의약외품 및 화장품용 타르색소 지정과 기준 및 시험방법」(식품의약품안전청 고시) 중 일부를 다음과 같이 개정한다.

제명 "의약품·의약외품 및 화장품용 타르색소 지정과 기준 및 시험방법"을 "의약품등의 타르색소 지정과 기준 및 시험방법"으로 한다.

제1조 중 "제66조 및 화장품법 제4조제3항, 제13조제7호의 규정에 의하여 의약품, 의약외품 및 화장품"을 "제66조에 따라 의약품, 의약외품(이하 "의약품등"이라 한다)"으로 한다.

제2조제5호 중 "히드록시프로필셀룰로오스를, 화장품용 타르색소에는 장원기에 수재된 원료를 사용할 수 있다."를 "히드록시프로필셀룰로오스를 사용할 수 있다."로 한다.

제3조의 제목 "(의약품, 의약외품 및 화장품용 타르색소지정)"을 "(의약품등의 타르색소 지정)"로 하고, 각 호 외의 부분 중 "의약품·의약외품 및 화장품용 타르색소는"을 "의약품등의 타르색소는"으로 한다.

부 칙 〈제2013-13호, 2013.3.20.〉

제1조【시행일】 이 고시는 고시 후 6개월이 경과한 날부터 시행한다.

제2조【적용례】 이 고시는 고시 시행 후 최초로 화장품 제조업자 및 제조판매업자가 제조 또는 수입(통관일을 기준으로 한다)한 화장품부터 적용한다.

제3조【경과조치】 이 고시 시행 당시 종전의 규정에 따라 제조 또는 수입(통관일을 기준으로 한다)된 화장품은 개정규정에 적합한 것으로 본다.

부 칙 〈제2013-27호,2013.4.5.〉

(정부조직개편에 따른 소관명칭 변경을 위한 민원의 전자적 신청 및 처리에 관한 규정 등 일부개정)

제1조【시행일】 이 고시는 고시한 날로부터 시행한다.

부 칙 〈제2014-105호, 2014.3.21.〉

이 고시는 고시한 날로부터 시행한다.

부 칙 〈제2016-17호, 2016.2.24.〉

제1조【시행일】 이 고시는 고시 후 1개월이 경과한 날부터 시행한다.

제2조【적용례】 이 고시는 고시 시행 후 제조 또는 수입(통관일을 기준으로 한다)된 화장품부터 적용한다.

제3조【경과조치】 이 고시 시행 당시 종전의 규정에 따라 제조 또는 수입(통관일을 기준으로 한다)된 화장품은 종전의 규정을 적용한다.

[별표 1] 화장품의 타르색소(제3조 관련)

[별표 2] 화장품의 타르색소 이외의 색소(제3조 관련)

[별표 3] 화장품의 타르색소의 기준 및 시험방법(제5조 관련) -생략-

[별표 4] 화장품의 타르색소 이외의 색소의 기준 및 시험방법(제5조 관련) -생략-

[별표 5] 통칙 및 일반시험법

[별표 1] 화장품의 타르색소(제3조 관련)

연 번	타르색소	사용제한
1	녹색 204호(피라닌콘크, Pyranine Conc)* CI 59040 8－히드록시－1, 3, 6－피렌트리설폰산의 트리나트륨염 ◎ 사용한도 0.01%	눈 주위 및 입술에 사용할 수 없음
2	녹색 401호(나프톨그린 B, Naphthol Green B)* CI 10020 5－이소니트로소－6－옥소－5, 6－디히드로－2－나프탈렌설폰산의 철염	눈 주위 및 입술에 사용할 수 없음
3	등색 206호(디요오드플루오레세인, Diiodofluorescein)* CI 45425 : 1 4′, 5′－디요오드－3′, 6′－디히드록시스피로[이소벤조푸란－1(3H), 9′－[9H]크산텐]－3－온	눈 주위 및 입술에 사용할 수 없음
4	등색 207호(에리트로신 옐로위쉬 NA, Erythrosine Yellowish NA)* CI 45425 9－(2－카르복시페닐)－6－히드록시－4, 5－디요오드－3H－크산텐－3－온의 디나트륨염	눈 주위 및 입술에 사용할 수 없음
5	자색 401호(알리주롤퍼플, Alizurol Purple)* CI 60730 1－히드록시－4－(2－설포－p－톨루이노)－안트라퀴논의 모노나트륨염	눈 주위 및 입술에 사용할 수 없음
6	적색 205호(리톨레드, Lithol Red)* CI 15630 2－(2－히드록시－1－나프틸아조)－1－나프탈렌설폰산의 모노나트륨염 ◎ 사용한도 3%	눈 주위 및 입술에 사용할 수 없음
7	적색 206호(리톨레드 CA, Lithol Red CA)* CI 15630 : 2 2－(2－히드록시－1－나프틸아조)－1－나프탈렌설폰산의 칼슘염 ◎ 사용한도 3%	눈 주위 및 입술에 사용할 수 없음
8	적색 207호(리톨레드 BA, Lithol Red BA) CI 15630 : 1 2－(2－히드록시－1－나프틸아조)－1－나프탈렌설폰산의 바륨염 ◎ 사용한도 3%	눈 주위 및 입술에 사용할 수 없음
9	적색 208호(리톨레드 SR, Lithol Red SR) CI 15630 : 3 2－(2－히드록시－1－나프틸아조)－1－나프탈렌설폰산의 스트론튬염 ◎ 사용한도 3%	눈 주위 및 입술에 사용할 수 없음
10	적색 219호(브릴리안트레이크레드 R, Brilliant Lake Red R)* CI 15800 3－히드록시－4－페닐아조－2－나프토에산의 칼슘염	눈 주위 및 입술에 사용할 수 없음
11	적색 225호(수단 Ⅲ, Sudan III)* CI 26100 1－[4－(페닐아조)페닐아조]－2－나프톨	눈 주위 및 입술에 사용할 수 없음
12	적색 405호(퍼머넌트레드 F5R, Permanent Red F5R) CI 15865 : 2 4－(5－클로로－2－설포－p－톨릴아조)－3－히드록시－2－나프토에산의 칼슘염	눈 주위 및 입술에 사용할 수 없음

연 번	타르색소	사용제한
13	적색 504호(폰소 SX, Ponceau SX)* CI 14700 2-(5-설포-2, 4-키실릴아조)-1-나프톨-4-설폰산의 디나트륨염	눈 주위 및 입술에 사용할 수 없음
14	청색 404(프탈로시아닌블루, Phthalocyanine Blue)* CI 74160 프탈로시아닌의 구리착염	눈 주위 및 입술에 사용할 수 없음
15	황색 202호의 (2) (우라닌 K, Uranine K)* CI 45350 9-올소-카르복시페닐-6-히드록시-3-이소크산톤의 디칼륨염 ◎ 사용한도 6%	눈 주위 및 입술에 사용할 수 없음
16	황색 204호(퀴놀린옐로우 SS, Quinoline Yellow SS)* CI 47000 2-(2-퀴놀릴)-1, 3-인단디온	눈 주위 및 입술에 사용할 수 없음
17	황색 401호(한자옐로우, Hanza Yellow)* CI 11680 N-페닐-2-(니트로-p-톨릴아조)-3-옥소부탄아미드	눈 주위 및 입술에 사용할 수 없음
18	황색 403호의 (1) (나프톨옐로우 S, Naphthol Yellow S) CI 10316 2, 4-디니트로-1-나프톨-7-설폰산의 디나트륨염	눈 주위 및 입술에 사용할 수 없음
19	등색 205호(오렌지Ⅱ, Orange II) CI 15510 1-(4-설포페닐아조)-2-나프톨의 모노나트륨염	눈 주위에 사용할 수 없음
20	황색 203호(퀴놀린옐로우 WS, Quinoline Yellow WS) CI 47005 2-(1, 3-디옥소인단-2-일)퀴놀린 모노설폰산 및 디설폰산의 나트륨염	눈 주위에 사용할 수 없음
21	녹색 3호(패스트그린 FCF, Fast Green FCF) CI 42053 2-[α -[4-(N-에틸-3-설포벤질이미니오)-2, 5-시클로헥사디에닐덴]-4-(N 에틸-3-설포벤질아미노)벤질]-5-히드록시벤젠설포네이트의 디나트륨염	-
22	녹색 201호(알리자린시아닌그린 F, Alizarine Cyanine Green F)* CI 61570 1, 4-비스-(2-설포-p-톨루이디노)-안트라퀴논의 디나트륨염	-
23	녹색 202호(퀴니자린그린 SS, Quinizarine Green SS)* CI 61565 1, 4-비스(p -톨루이디노)안트라퀴논	-
24	등색 201호(디브로모플루오레세인, Dibromofluorescein) CI 45370:1 4′, 5′-디브로모-3′, 6′-디히드로시스피로[이소벤조푸란-1(3H),9-[9H]크산텐-3-온	-
25	자색 201호(알리주린퍼플 SS, Alizurine Purple SS)* CI 60725 1-히드록시-4-(p-톨루이디노)안트라퀴논	-
26	적색 2호(아마란트, Amaranth) CI 16185 3-히드록시-4-(4-설포나프틸아조)-2, 7-나프탈렌디설폰산의 트리나트륨염	영유아용 제품류에 사용할 수 없음

연 번	타르색소	사용제한
27	적색 40호(알루라레드 AC, Allura Red AC) CI 16035 6－히드록시－5－[(2－메톡시－5－메틸－4－설포페닐)아조]－2－나프탈렌설폰산의 디나트륨염	－
28	적색 102호 (뉴콕신, New Coccine) CI 16255 1－(4－설포－1－나프틸아조)－2－나프톨－6, 8－디설폰산의 트리나트륨염의 1.5 수화물	영유아용 제품류에 사용할 수 없음
29	적색 103호의 (1) (에오신 YS, Eosine YS) CI 45380 9－(2－카르복시페닐)－6－히드록시－2, 4, 5, 7－테트라브로모－3H－크산텐－3－온의 디나트륨염	－
30	적색 104호의 (1) (플록신 B, Phloxine B) CI 45410 9－(3, 4, 5, 6－테트라클로로－2－카르복시페닐)－6－히드록시－2, 4, 5, 7－테트 라브로모－3H－크산텐－3－온의 디나트륨염	－
31	적색 104호의 (2) (플록신 BK, Phloxine BK) CI 45410 9－(3, 4, 5, 6－테트라클로로－2－카르복시페닐)－6－히드록시－2, 4, 5, 7－테트 라브로모－3H－크산텐－3－온의 디칼륨염	－
32	적색 201호(리톨루빈 B, Lithol Rubine B) CI 15850 4－(2－설포－p－톨릴아조)－3－히드록시－2－나프토에산의 디나트륨염	－
33	적색 202호(리톨루빈 BCA, Lithol Rubine BCA) CI 15850 : 1 4－(2－설포－p－톨릴아조)－3－히드록시－2－나프토에산의 칼슘염	－
34	적색 218호(테트라클로로테트라브로모플루오레세인, Tetrachlorotetrabromofluorescein) CI 45410 : 1 2′, 4′, 5′, 7′－테트라브로모－4, 5, 6, 7－테트라클로로－3′, 6′－디히드록시 피로[이소벤조푸란－1(3H), 9′－[9H] 크산텐]－3－온	－
35	적색 220호(디프마룬, Deep Maroon)* CI 15880 : 1 4－(1－설포－2－나프틸아조)－3－히드록시－2－나프토에산의 칼슘염	－
36	적색 223호(테트라브로모플루오레세인, Tetrabromofluorescein) CI 45380 : 2 2′, 4′, 5′, 7′－테트라브로모－3′, 6′－디히드록시스피로[이소벤조푸란－1(3H), 9′－[9H]크산텐]－3－온	－
37	적색 226호(헬린돈핑크 CN, Helindone Pink CN)* CI 73360 6, 6′－디클로로－4, 4′－디메틸－티오인디고	－

연 번	타르색소	사용제한
38	적색 227호(패스트애시드마겐타, Fast Acid Magenta)* CI 17200 8-아미노-2-페닐아조-1-나프톨-3, 6-디설폰산의 디나트륨염 ◎ 입술에 적용을 목적으로 하는 화장품의 경우만 사용한도 3%	-
39	적색 228호(퍼마톤레드, Permaton Red) CI 12085 1-(2-클로로-4-니트로페닐아조)-2-나프톨 ◎ 사용한도 3%	-
40	적색 230호의 (2) (에오신 YSK, Eosine YSK) CI 45380 9-(2-카르복시페닐)-6-히드록시-2, 4, 5, 7-테트라브로모-3H-크산텐-3-온의 디칼륨염	-
41	청색 1호(브릴리안트블루 FCF, Brilliant Blue FCF) CI 42090 2-[α -[4-(N-에틸-3-설포벤질이미니오)-2, 5-시클로헥사디에닐리덴]-4-(N-에틸-3-설포벤질아미노)벤질]벤젠설포네이트의 디나트륨염	-
42	청색 2호(인디고카르민, Indigo Carmine) CI 73015 5, 5′-인디고틴디설폰산의 디나트륨염	-
43	청색 201호(인디고, Indigo)* CI 73000 인디고틴	-
44	청색 204호(카르반트렌블루, Carbanthrene Blue)* CI 69825 3, 3′-디클로로인단스렌	-
45	청색 205호(알파주린 FG, Alphazurine FG)* CI 42090 2-[α -[4-(N-에틸-3-설포벤질이미니오)-2, 5-시클로헥산디에닐리덴]-4-(N-에틸-3-설포벤질아미노)벤질]벤젠설포네이트의 디암모늄염	-
46	황색 4호(타르트라진, Tartrazine) CI 19140 5-히드록시-1-(4-설포페닐)-4-(4-설포페닐아조)-1H-피라졸-3-카르본산의 트리나트륨염	-
47	황색 5호(선셋옐로우 FCF, Sunset Yellow FCF) CI 15985 6-히드록시-5-(4-설포페닐아조)-2-나프탈렌설폰산의 디나트륨염	-
48	황색 201호(플루오레세인, Fluorescein)* CI 45350:1 3′, 6′-디히드록시스피로[이소벤조푸란-1(3H), 9′-[9H]크산텐]-3-온 ◎ 사용한도 6%	-
49	황색 202호의 (1) (우라닌, Uranine)* CI 45350 9-(2-카르복시페닐)-6-히드록시-3H-크산텐-3-온의 디나트륨염 ◎ 사용한도 6%	-

연 번	타르색소	사용제한
50	등색 204호(벤지딘오렌지 G, Benzidine Orange G)* CI 21110 4, 4′–[(3, 3′–디클로로–1, 1′–비페닐)–4, 4′–디일비스(아조)]비스[3–메틸–1–페닐–5–피라졸론]	적용 후 바로 씻어내는 제품 및 염모용 화장품에만 사용
51	적색 106호(애시드레드, Acid Red)* CI 45100 2–[[N, N–디에틸–6–(디에틸아미노)–3H–크산텐–3–이미니오]–9–일]–5–설포벤젠설포네이트의 모노나트륨염	적용 후 바로 씻어내는 제품 및 염모용 화장품에만 사용
52	적색 221호(톨루이딘레드, Toluidine Red)* CI 12120 1–(2–니트로–p–톨릴아조)–2–나프톨	적용 후 바로 씻어내는 제품 및 염모용 화장품에만 사용
53	적색 401호(비올라민 R, Violamine R) CI 45190 9–(2–카르복시페닐)–6–(4–설포–올소–톨루이디노)–N–(올소–톨릴)–3H–크산텐–3–이민의 디나트륨염	적용 후 바로 씻어내는 제품 및 염모용 화장품에만 사용
54	적색 506호(패스트레드 S, Fast Red S)* CI 15620 4–(2–히드록시–1–나프틸아조)–1–나프탈렌설폰산의 모노나트륨염	적용 후 바로 씻어내는 제품 및 염모용 화장품에만 사용
55	황색 407호(패스트라이트옐로우 3G, Fast Light Yellow 3G)* CI 18820 3–메틸–4–페닐아조–1–(4–설포페닐)–5–피라졸론의 모노나트륨염	적용 후 바로 씻어내는 제품 및 염모용 화장품에만 사용
56	흑색 401 호 (나프톨블루블랙, Naphthol Blue Black)* CI 20470 8–아미노–7–(4–니트로페닐아조)–2–(페닐아조)–1–나프톨–3, 6–디설폰산의 디나트륨염	적용 후 바로 씻어내는 제품 및 염모용 화장품에만 사용

주) *표시는 해당 색소의 바륨, 스트론튬, 지르코늄레이크는 사용할 수 없다.

[별표 2]

▌화장품의 타르색소 이외의 색소(제3조 관련)

연 번	색 소	사용제한
1	안나토(Annatto) CI 75120	–
2	라이코펜(Lycopene) CI 75125	–
3	베타카로틴(Beta–Carotene) CI 75130	–
4	구아닌(2–아미노–1,7–디하이드로–6H–퓨린–6–온, Guanine, 2–Amino– 1,7–dihydro–6H–purin–6–one) CI 75170	–
5	커큐민(Curcumin) CI 75300	–
6	카민류(Carmines) CI 75470	–
7	클로로필류(Chlorophylls) CI 75810	–
8	알루미늄(Aluminum) CI 77000	–
9	벤토나이트(Bentonite) CI 77004	–
10	울트라마린(Ultramarines) CI 77007	–
11	바륨설페이트(Barium Sulfate) CI 77120	–
12	비스머스옥시클로라이드(Bismuth Oxychloride) CI 77163	–
13	칼슘카보네이트(Calcium Carbonate) CI 77220	–
14	칼슘설페이트(Calcium Sulfate) CI 77231	–
15	카본블랙(Carbon black) CI 77266	–
16	본블랙, 본챠콜(본차콜, Bone black, Bone Charcoal) CI 77267	–
17	베지터블카본(코크블랙, Vegetable Carbon, Coke Black) CI 77268:1	–
18	크로뮴옥사이드그린(크롬(III) 옥사이드, Chromium Oxide Greens) CI 77288	–
19	크로뮴하이드로사이드그린(크롬(III) 하이드록사이드, Chromium Hydroxide Green) CI 77289	–
20	코발트알루미늄옥사이드(Cobalt Aluminum Oxide) CI 77346	–
21	구리(카퍼, Copper) CI 77400	–
22	금(Gold) CI 77480	–
23	페러스옥사이드(Ferrous oxide, Iron Oxide) CI 77489	–
24	적색산화철(아이런옥사이드레드, Iron Oxide Red, Ferric Oxide) CI 77491	–
25	황색산화철(아이런옥사이드옐로우, Iron Oxide Yellow, Hydrated Ferric Oxide) CI 77492	–

연 번	색 소	사용제한
26	흑색산화철(아이런옥사이드블랙, Iron Oxide Black, Ferrous－Ferric Oxide) CI 77499	－
27	페릭암모늄페로시아나이드(Ferric Ammonium Ferrocyanide) CI 77510	－
28	페릭페로시아나이드(Ferric Ferrocyanide) CI 77510	－
29	마그네슘카보네이트(Magnesium Carbonate) CI 77713	－
30	망가니즈바이올렛(암모늄망가니즈(3＋) 디포스페이트, Manganese Violet, Ammonium Manganese(3＋) Diphosphate) CI 77742	－
31	실버(Silver) CI 77820	－
32	티타늄디옥사이드(Titanium Dioxide) CI 77891	－
33	징크옥사이드(Zinc Oxide) CI 77947	－
34	리보플라빈(락토플라빈, Riboflavin, Lactoflavin)	－
35	카라멜(Caramel)	－
36	파프리카추출물, 캡산틴/캡소루빈(Paprika Extract Capsanthin/ Capsorubin)	－
37	비트루트레드(Beetroot Red)	－
38	안토시아닌류(시아니딘, 페오니딘, 말비딘, 델피니딘, 페투니딘, 페라고니딘, Anthocyanins)	－
39	알루미늄스테아레이트/징크스테아레이트/마그네슘스테아레이트/칼슘스테아레이트(Aluminum Stearate/Zinc Stearate/Magnesium Stearate/Calcium Stearate)	－
40	디소듐이디티에이－카퍼(Disodium EDTA－copper)	－
41	디하이드록시아세톤(Dihydroxyacetone)	－
42	구아이아줄렌(Guaiazulene)	－
43	피로필라이트(Pyrophyllite)	－
44	마이카(Mica) CI77019	－
45	청동(Bronze)	－

[별표 5] 통칙 및 일반시험법

Ⅰ. 통 칙

1. 「알루미늄레이크」란 알루미늄이 결합하여 흡착시킨 색소를 말한다.
2. 각 색소의 화학명에 분자식 및 분자량을 표기한다.
3. 별표 2의 색소 중 별표 4에서 규정하지 않은 기준 및 시험방법의 경우 과학적·합리적으로 타당성이 인정되는 자사 기준 및 시험방법을 설정하여 시험할 수 있다.
4. 이 기준에서 규정하지 않는 정의, 시험법 등은 「대한민국약전」(식품의약품안전처 고시)의 통칙, 일반시험법, 제제총칙 또는 「대한민국약전외 의약품 기준」(식품의약품안전처 고시) 등의 규정에 따라 판정한다.

Ⅱ. 일반시험법

1. 가용물시험법
2. 강열잔분시험법
3. 건조감량 및 강열감량시험법
4. 기체크로마토그래프법
5. 납시험법
6. 레이크시험법
7. 물가용물시험법
8. 미생물한도시험법
9. 박층크로마토그래프법
10. 불꽃반응시험법
11. 불소시험법
12. 불용물시험법
13. 비소시험법
14. 비중측정법
15. 산가용물시험법
16. 산불용물시험법
17. 색소시험법
18. 수은시험법
19. 염색반응시험법
20. 염화물시험법
21. 원자흡광광도법
22. 유도결합플라즈마발광광도법
23. 융점측정법
24. 자외가시부흡광도측정법
25. 적외부스펙트럼측정법
26. 정량법
27. 정성반응
28. 중금속시험법
29. 질소정량법
30. 철시험법
31. 황산염시험법
32. 회분시험법
33. 흡광도측정법
34. pH측정법
35. 시약·시액·표준액·용량분석용 표준액·박층크로마토그래프용 표준품·계량기·용기

－이하생략－

12. 화장품 안전기준 등에 관한 규정

[시행 2016.7.28.] [식품의약품안전처고시 제2016－74호, 2016.7.28., 일부개정]
식품의약품안전처(화장품정책과), 043－719－3410

제 1 장 총 칙

제1조【목적】 이 고시는 「화장품법」 제8조의 규정에 따라 화장품에 사용할 수 없는 원료 및 사용상의 제한이 필요한 원료에 대하여 그 사용기준을 지정하고, 유통화장품 안전관리 기준에 관한 사항을 정함으로써 화장품의 제조 또는 수입 및 안전관리에 적정을 기함을 목적으로 한다.

제2조【적용범위】 이 규정은 국내에서 제조, 수입 또는 유통되는 모든 화장품에 대하여 적용한다.

제 2 장 화장품에 사용할 수 없는 원료 및 사용상의 제한이 필요한 원료에 대한 사용기준

제3조【사용할 수 없는 원료】 화장품에 사용할 수 없는 원료는 별표 1과 같다.

제4조【사용상의 제한이 필요한 원료에 대한 사용기준】 화장품에 사용상의 제한이 필요한 원료 및 그 사용기준은 별표 2와 같으며, 별표 2의 원료 외의 살균·보존제, 자외선 차단제 등은 사용할 수 없다.

제 3 장 유통화장품 안전관리 기준

제5조【유통화장품의 안전관리 기준】 유통화장품은 제1항부터 제4항까지의 안전관리 기준에 적합하여야 하며, 유통화장품 유형별로 제5항부터 제7항까지의 안전관리 기준에 추가적으로 적합하여야 한다. 또한 시험방법은 별표 4에 따라 시험하되, 기타 과학적·합리적으로 타당성이 인정되는 경우 자사 기준으로 시험할 수 있다. ① 화장품을 제조하면서

다음 각 호의 물질을 인위적으로 첨가하지 않았으나, 제조 또는 보관 과정 중 포장재로부터 이행되는 등 비의도적으로 유래된 사실이 객관적인 자료로 확인되고 기술적으로 완전한 제거가 불가능한 경우 해당 물질의 검출 허용 한도는 다음 각 호와 같다.

1. 납 : 점토를 원료로 사용한 분말제품은 50㎍/g 이하, 그 밖의 제품은 20㎍/g 이하
2. 비소 : 10㎍/g 이하
3. 수은 : 1㎍/g 이하
4. 안티몬 : 10㎍/g 이하
5. 카드뮴 : 5㎍/g 이하
6. 디옥산 : 100㎍/g 이하
7. 메탄올 : 0.2(v/v)% 이하, 물휴지는 0.002%(v/v) 이하
8. 포름알데하이드 : 2000㎍/g 이하, 물휴지는 20㎍/g 이하
9. 프탈레이트류(디부틸프탈레이트, 부틸벤질프탈레이트 및 디에칠헥실프탈레이트에 한함) : 총 합으로서 100㎍/g 이하

② 별표 1의 사용할 수 없는 원료가 제1항의 사유로 검출되었으나 검출허용한도가 설정되지 아니한 경우에는 「화장품법 시행규칙」 제17조에 따라 위해평가 후 위해 여부를 결정하여야 한다.

③ 미생물한도는 다음 각 호와 같다.

1. 총호기성생균수는 영·유아용 제품류 및 눈화장용 제품류의 경우 500개/g(mL) 이하
2. 물휴지의 경우 세균 및 진균수는 각각 100개/g(mL) 이하
3. 기타 화장품의 경우 1,000개/g(mL) 이하
4. 대장균(Escherichia Coli), 녹농균(Pseudomonas aeruginosa), 황색포도상구균(Staphylococcus aureus)은 불검출

④ 내용량의 기준은 다음 각 호와 같다.

1. 제품 3개를 가지고 시험할 때 그 평균 내용량이 표기량에 대하여 97% 이상
2. 제1호의 기준치를 벗어날 경우 : 6개를 더 취하여 시험할 때 9개의 평균 내용량이 제1호의 기준치 이상
3. 그 밖의 특수한 제품 : 「대한민국약전」(식품의약품안전처 고시)을 따를 것

⑤ 영·유아용 제품류(영·유아용 샴푸, 영·유아용 린스, 영·유아 인체 세정용 제품, 영·유아 목욕용 제품 제외), 눈 화장용 제품류, 색조 화장용 제품류, 두발용 제품류(샴푸, 린스 제외), 면도용 제품류(셰이빙 크림, 셰이빙 폼 제외), 기초화장용 제품류(클렌징 워터, 클렌징 오일, 클렌징 로션, 클렌징 크림 등 메이크업 리무버 제품 제외) 중 액, 로션, 크림 및 이와 유사한 제형의 액상제품은 pH 기준이 3.0~9.0이어야 한다. 다만, 물을 포함

하지 않는 제품과 사용한 후 곧바로 물로 씻어내는 제품은 제외한다.

⑥ 기능성화장품은 기능성을 나타나게 하는 주원료의 함량이 「화장품법」 제4조 및 같은 법 시행규칙 제9조 또는 제10조에 따라 심사 또는 보고한 기준에 적합하여야 한다.

⑦ 퍼머넌트웨이브용 및 헤어스트레이트너 제품은 다음 각 호의 기준에 적합하여야 한다.

1. 치오글라이콜릭애씨드 또는 그 염류를 주성분으로 하는 냉2욕식 퍼머넌트웨이브용 제품 : 이 제품은 실온에서 사용하는 것으로서 치오글라이콜릭애씨드 또는 그 염류를 주성분으로 하는 제1제 및 산화제를 함유하는 제2제로 구성된다.
   - 가. 제1제 : 이 제품은 치오글라이콜릭애씨드 또는 그 염류를 주성분으로 하고, 불휘발성 무기알칼리의 총량이 치오글라이콜릭애씨드의 대응량 이하인 액제이다. 단, 산성에서 끓인 후의 환원성물질의 함량이 7.0%를 초과하는 경우에는 초과분에 대하여 디치오디글라이콜릭애씨드 또는 그 염류를 디치오디글라이콜릭애씨드로서 같은양 이상 배합하여야 한다. 이 제품에는 품질을 유지하거나 유용성을 높이기 위하여 적당한 알칼리제, 침투제, 습윤제, 착색제, 유화제, 향료 등을 첨가할 수 있다.
     - 1) pH : 4.5～9.6
     - 2) 알칼리 : 0.1N염산의 소비량은 검체 1mL에 대하여 7.0mL 이하
     - 3) 산성에서 끓인 후의 환원성 물질(치오글라이콜릭애씨드) : 산성에서 끓인 후의 환원성 물질의 함량(치오글라이콜릭애씨드로서)이 2.0～11.0%
     - 4) 산성에서 끓인 후의 환원성 물질 이외의 환원성 물질(아황산염, 황화물 등) : 검체 1mL 중의 산성에서 끓인 후의 환원성 물질 이외의 환원성 물질에 대한 0.1N 요오드액의 소비량이 0.6mL 이하
     - 5) 환원후의 환원성 물질(디치오디글라이콜릭애씨드) : 환원후의 환원성 물질의 함량은 4.0% 이하
     - 6) 중금속 : 20㎍/g 이하
     - 7) 비소 : 5㎍/g 이하
     - 8) 철 : 2㎍/g 이하
   - 나. 제2제
     - 1) 브롬산나트륨 함유제제 : 브롬산나트륨에 그 품질을 유지하거나 유용성을 높이기 위하여 적당한 용해제, 침투제, 습윤제, 착색제, 유화제, 향료 등을 첨가한 것이다.
       - 가) 용해상태 : 명확한 불용성이물이 없을 것
       - 나) pH : 4.0～10.5
       - 다) 중금속 : 20㎍/g 이하

라) 산화력 : 1인 1회 분량의 산화력이 3.5 이상

2) 과산화수소수 함유제제 : 과산화수소수 또는 과산화수소수에 그 품질을 유지하거나 유용성을 높이기 위하여 적당한 침투제, 안정제, 습윤제, 착색제, 유화제, 향료 등을 첨가한 것이다.

가) pH : 2.5～4.5

나) 중금속 : 20㎍/g 이하

다) 산화력 : 1인 1회 분량의 산화력이 0.8～3.0

2. 시스테인, 시스테인염류 또는 아세틸시스테인을 주성분으로 하는 냉2욕식 퍼머넌트웨이브용 제품 : 이 제품은 실온에서 사용하는 것으로서 시스테인, 시스테인염류 또는 아세틸시스테인을 주성분으로 하는 제1제 및 산화제를 함유하는 제2제로 구성된다.

가. 제1제 : 이 제품은 시스테인, 시스테인염류 또는 아세틸시스테인을 주성분으로 하고 불휘발성 무기알칼리를 함유하지 않은 액제이다. 이 제품에는 품질을 유지하거나 유용성을 높이기 위하여 적당한 알칼리제, 침투제, 습윤제, 착색제, 유화제, 향료 등을 첨가할 수 있다.

1) pH : 8.0～9.5

2) 알칼리 : 0.1N 염산의 소비량은 검체 1mL에 대하여 12mL 이하

3) 시스테인 : 3.0～7.5%

4) 환원후의 환원성물질(시스틴) : 0.65% 이하

5) 중금속 : 20㎍/g 이하

6) 비소 : 5㎍/g 이하

7) 철 : 2㎍/g 이하

나. 제2제 기준 : 1. 치오글라이콜릭애씨드 또는 그 염류를 주성분으로 하는 냉2욕식 퍼머넌트웨이브용 제품 나. 제2제의 기준에 따른다.

3. 치오글라이콜릭애씨드 또는 그 염류를 주성분으로 하는 냉2욕식 헤어스트레이트너용 제품 : 이 제품은 실온에서 사용하는 것으로서 치오글라이콜릭애씨드 또는 그 염류를 주성분으로 하는 제1제 및 산화제를 함유하는 제2제로 구성된다.

가. 제1제 : 이 제품은 치오글라이콜릭애씨드 또는 그 염류를 주성분으로 하고 불휘발성 무기알칼리의 총량이 치오글라이콜릭애씨드의 대응량 이하인 제제이다. 단, 산성에서 끓인 후의 환원성물질의 함량이 7.0%를 초과하는 경우, 초과분에 대해 디치오디글라이콜릭애씨드 또는 그 염류를 디치오디글라이콜릭애씨드로 같은 양 이상 배합하여야 한다. 이 제품에는 품질을 유지하거나 유용성을 높이기 위하여 적당한 알칼리제, 침투제, 착색제, 습윤제, 유화제, 증점제, 향료 등을 첨가할 수 있다.

1) pH : 4.5～9.6
2) 알칼리 : 0.1N 염산의 소비량은 검체 1mL에 대하여 7.0mL 이하
3) 산성에서 끓인 후의 환원성물질(치오글라이콜릭애씨드) : 2.0～11.0%
4) 산성에서 끓인 후의 환원성물질 이외의 환원성물질(아황산, 황화물 등) : 검체 1mL 중의 산성에서 끓인 후의 환원성물질 이외의 환원성물질에 대한 0.1N 요오드액의 소비량은 0.6mL 이하
5) 환원후의 환원성물질(디치오디글리콜릭애씨드) : 4.0% 이하
6) 중금속 : 20㎍/g 이하
7) 비소 : 5㎍/g 이하
8) 철 : 2㎍/g 이하

나. 제2제 기준 : 1. 치오글라이콜릭애씨드 또는 그 염류를 주성분으로 하는 냉2욕식 퍼머넌트웨이브용 제품 나. 제2제의 기준에 따른다.

4. 치오글라이콜릭애씨드 또는 그 염류를 주성분으로 하는 가온2욕식 퍼머넌트웨이브용 제품 : 이 제품은 사용할 때 약 60℃ 이하로 가온조작하여 사용하는 것으로서 치오글라이콜릭애씨드 또는 그 염류를 주성분으로 하는 제1제 및 산화제를 함유하는 제2제로 구성된다.

가. 제1제 : 이 제품은 치오글라이콜릭애씨드 또는 그 염류를 주성분으로 하고 불휘발성 무기알칼리의 총량이 치오글라이콜릭애씨드의 대응량 이하인 액제이다. 이 제품에는 품질을 유지하거나 유용성을 높이기 위하여 적당한 알칼리제, 침투제, 습윤제, 착색제, 유화제, 향료 등을 첨가할 수 있다.

1) pH : 4.5～9.3
2) 알칼리 : 0.1N 염산의 소비량은 검체 1mL에 대하여 5mL 이하
3) 산성에서 끓인 후의 환원성물질(치오글라이콜릭애씨드) : 1.0～5.0%
4) 산성에서 끓인 후의 환원성물질 이외의 환원성물질(아황산, 황화물 등) : 검체 1mL 중의 산성에서 끓인 후의 환원성물질 이외의 환원성물질에 대한 0.1N 요오드액의 소비량은 0.6mL 이하
5) 환원후의 환원성물질(디치오디글라이콜릭애씨드) : 4.0% 이하
6) 중금속 : 20㎍/g 이하
7) 비소 : 5㎍/g 이하
8) 철 : 2㎍/g 이하

나. 제2제 기준 : 1. 치오글라이콜릭애씨드 또는 그 염류를 주성분으로 하는 냉2욕식 퍼머넌트웨이브용 제품 나. 제2제의 기준에 따른다.

5. 시스테인, 시스테인염류 또는 아세틸시스테인을 주성분으로 하는 가온 2욕식 퍼머넌트 웨이브용 제품 : 이 제품은 사용 시 약 60℃ 이하로 가온조작하여 사용하는 것으로서 시스테인, 시스테인염류, 또는 아세틸시스테인을 주성분으로 하는 제1제 및 산화제를 함유하는 제2제로 구성된다.

가. 제1제 : 이 제품은 시스테인, 시스테인염류, 또는 아세틸시스테인을 주성분으로 하고 불휘발성 무기알칼리를 함유하지 않는 액제로서 이 제품에는 품질을 유지하거나 유용성을 높이기 위해서 적당한 알칼리제, 침투제, 습윤제, 착색제, 유화제, 향료 등을 첨가할 수 있다.

1) pH : 4.0～9.5
2) 알칼리 : 0.1N염산의 소비량은 검체 1mL에 대하여 9mL 이하
3) 시스테인 : 1.5～5.5%
4) 환원후의 환원성물질(시스틴) : 0.65% 이하
5) 중금속 : 20μg/g 이하
6) 비소 : 5μg/g 이하
7) 철 : 2μg/g 이하

나. 제2제 기준 : 1. 치오글라이콜릭애씨드 또는 그 염류를 주성분으로 하는 냉2욕식 퍼머넌트웨이브용 제품 나. 제2제의 기준에 따른다.

6. 치오글라이콜릭애씨드 또는 그 염류를 주성분으로 하는 가온2욕식 헤어스트레이트너 제품 : 이 제품은 시험할 때 약 60℃ 이하로 가온 조작하여 사용하는 것으로서 치오글라이콜릭애씨드 또는 그 염류를 주성분으로 하는 제1제 및 산화제를 함유하는 제2제로 구성된다.

가. 제1제 : 이 제품은 치오글라이콜릭애씨드 또는 그 염류를 주성분으로 하고 불휘발성 알칼리의 총량이 치오글라이콜릭애씨드의 대응량 이하인 제제이다. 이 제품에는 품질을 유지하거나 유용성을 높이기 위하여 적당한 알칼리제, 침투제, 습윤제, 유화제, 점증제, 향료 등을 첨가할 수 있다.

1) pH : 4.5～9.3
2) 알칼리 : 0.1N 염산의 소비량은 검체 1mL에 대하여 5.0mL 이하
3) 산성에서 끓인 후의 환원성물질(치오글라이콜릭애씨드) : 1.0～5.0%
4) 산성에서 끓인 후의 환원성물질 이외의 환원성물질(아황산염, 황화물 등) : 검체 1mL 중의 산성에서 끓인 후의 환원성물질 이외의 환원성물질에 대한 0.1N 요오드액의 소비량은 0.6mL 이하
5) 환원 후의 환원성물질(디치오디글라이콜릭애씨드) : 4.0% 이하

6) 중금속 : 20㎍/g 이하

7) 비소 : 5㎍/g 이하

8) 철 : 2㎍/g 이하

나. 제2제 기준 : 1. 치오글라이콜릭애씨드 또는 그 염류를 주성분으로 하는 냉2욕식 퍼머넌트웨이브용 제품 나. 제2제의 기준에 따른다.

7. 치오글라이콜릭애씨드 또는 그 염류를 주성분으로 하는 고온정발용 열기구를 사용하는 가온2욕식 헤어스트레이트너 제품 : 이 제품은 시험할 때 약 60℃ 이하로 가온하여 제1제를 처리한 후 물로 충분히 세척하여 수분을 제거하고 고온정발용 열기구(180℃ 이하)를 사용하는 것으로서 치오글라이콜릭애씨드 또는 그 염류를 주성분으로 하는 제1제 및 산화제를 함유하는 제2제로 구성된다.

가. 제1제 : 이 제품은 치오글라이콜릭애씨드 또는 그 염류를 주성분으로 하고 불휘발성 알칼리의 총량이 치오글라이콜릭애씨드의 대응량 이하인 제제이다. 이 제품에는 품질을 유지하거나 유용성을 높이기 위하여 적당한 알칼리제, 침투제, 습윤제, 유화제, 점증제, 향료 등을 첨가할 수 있다.

1) pH : 4.5～9.3

2) 알칼리 : 0.1N 염산의 소비량은 검체 1mL에 대하여 5.0mL 이하

3) 산성에서 끓인 후의 환원성물질(치오글라이콜릭애씨드) : 1.0～5.0%

4) 산성에서 끓인 후의 환원성물질 이외의 환원성물질(아황산염, 황화물 등) : 검체 1mL 중의 산성에서 끓인 후의 환원성물질 이외의 환원성물질에 대한 0.1N 요오드액의 소비량은 0.6mL 이하

5) 환원 후의 환원성물질(디치오디글라이콜릭애씨드) : 4.0% 이하

6) 중금속 : 20㎍/g 이하

7) 비소 : 5㎍/g 이하

8) 철 : 2㎍/g 이하

나. 제2제 기준 : 1. 치오글라이콜릭애씨드 또는 그 염류를 주성분으로 하는 냉2욕식 퍼머넌트웨이브용 제품 나. 제2제의 기준에 따른다.

8. 치오글라이콜릭애씨드 또는 그 염류를 주성분으로 하는 냉1욕식 퍼머넌트웨이브용 제품 : 이 제품은 실온에서 사용하는 것으로서 치오글라이콜릭애씨드 또는 그 염류를 주성분으로 하고 불휘발성 무기알칼리의 총량이 치오글라이콜릭애씨드의 대응량 이하인 액제이다. 이 제품에는 품질을 유지하거나 유용성을 높이기 위하여 적당한 알칼리제, 침투제, 습윤제, 착색제, 유화제, 향료 등을 첨가할 수 있다.

1) pH : 9.4～9.6

2) 알칼리 : 0.1N 염산의 소비량은 검체 1mL에 대하여 3.5～4.6mL
3) 산성에서 끓인 후의 환원성 물질(치오글라이콜릭애씨드) : 3.0～3.3%
4) 산성에서 끓인 후의 환원성물질 이외의 환원성물질(아황산염, 황화물 등) : 검체 1mL 중의 산성에서 끓인 후의 환원성물질 이외의 환원성 물질에 대한 0.1N 요오드액의 소비량은 0.6mL 이하
5) 환원후의 환원성물질(디치오디글라이콜릭애씨드) : 0.5% 이하
6) 중금속 : 20㎍/g 이하
7) 비소 : 5㎍/g 이하
8) 철 : 2㎍/g 이하

9. 치오글라이콜릭애씨드 또는 그 염류를 주성분으로 하는 제1제 사용시 조제하는 발열2욕식 퍼머넌트웨이브용 제품 : 이 제품은 치오글라이콜릭애씨드 또는 그 염류를 주성분으로 하는 제1제의 1과 제1제의 1중의 치오글라이콜릭애씨드 또는 그 염류의 대응량 이하의 과산화수소를 함유한 제1제의 2, 과산화수소를 산화제로 함유하는 제2제로 구성되며, 사용 시 제1제의 1 및 제1제의 2를 혼합하면 약 40℃로 발열되어 사용하는 것이다.

가. 제1제의 1 : 이 제품은 치오글라이콜릭애씨드 또는 그 염류를 주성분으로 하는 액제로서 이 제품에는 품질을 유지하거나 유용성을 높이기 위하여 적당한 알칼리제, 침투제, 습윤제, 착색제, 유화제, 향료 등을 첨가할 수 있다.

1) pH : 4.5～9.5
2) 알칼리 : 0.1N 염산의 소비량은 검체 1mL에 대하여 10mL 이하
3) 산성에서 끓인 후의 환원성물질(치오글라이콜릭애씨드) : 8.0～19.0%
4) 산성에서 끓인 후의 환원성물질 이외의 환원성물질(아황산염, 황화물 등) : 검체 1mL 중의 산성에서 끓인 후의 환원성물질 이외의 환원성물질에 대한 0.1N 요오드액의 소비량은 0.8mL 이하
5) 환원후의 환원성물질(디치오디글라이콜릭애씨드) : 0.5% 이하
6) 중금속 : 20㎍/g 이하
7) 비소 : 5㎍/g 이하
8) 철 : 2㎍/g 이하

나. 제1제의 2 : 이 제품은 제1제의 1중에 함유된 치오글라이콜릭애씨드 또는 그 염류의 대응량 이하의 과산화수소를 함유한 액제로서 이 제품에는 품질을 유지하거나 유용성을 높이기 위하여 적당한 침투제, pH조정제, 안정제, 습윤제, 착색제, 유화제, 향료 등을 첨가할 수 있다.

1) pH : 2.5～4.5

2) 중금속 : 20㎍/g 이하

3) 과산화수소 : 2.7～3.0%

다. 제1제의 1 및 제1제의 2의 혼합물 : 이 제품은 제1제의 1 및 제1제의 2를 용량비 3 : 1로 혼합한 액제로서 치오글라이콜릭애씨드 또는 그 염류를 주성분으로 하고 불휘발성 무기알칼리의 총량이 치오글라이콜릭애씨드의 대응량 이하인 것이다.

1) pH : 4.5～9.4

2) 알칼리 : 0.1N 염산의 소비량은 검체 1mL에 대하여 7mL 이하

3) 산성에서 끓인 후의 환원성물질(치오글라이콜릭애씨드) : 2.0～11.0%

4) 산성에서 끓인 후의 환원성물질 이외의 환원성물질(아황산염, 황화물 등) : 산성에서 끓인 후의 환원성물질 이외의 환원성물질에 대한 0.1N 요오드액의 소비량은 0.6mL 이하

5) 환원 후의 환원성물질(디치오디글라이콜릭애씨드) : 3.2 ～ 4.0%

6) 온도상승 : 온도의 차는 14℃ ～ 20℃

라. 제2제 : 1. 치오글라이콜릭애씨드 또는 그 염류를 주성분으로 하는 냉2욕식 퍼머넌트웨이브용 제품 나. 제2제의 기준에 따른다.

제6조【규제의 재검토】「행정규제기본법」 제8조 및 「훈령·예규 등의 발령 및 관리에 관한 규정」(대통령훈령 제248호)에 따라 2014년 1월 1일을 기준으로 매 3년이 되는 시점(매 3년째의 12월 31일까지를 말한다)마다 그 타당성을 검토하여 개선 등의 조치를 하여야 한다.

부 칙 〈제2013-2호, 2013.1.16.〉

제1조【시행일】 이 고시는 고시 후 1개월이 경과한 날부터 시행한다.

제2조【다른 고시의 폐지】「화장품 기준 및 시험방법」(식품의약품안전청 고시 제2009-158호, 2009.10.7.)은 이를 폐지한다.

제3조【적용례】 이 고시는 고시 시행 후 최초로 화장품 제조업자 및 제조판매업자가 제조 또는 수입(통관일을 기준으로 한다)하는 화장품부터 적용한다.

제4조【경과조치】 ① 이 고시 시행 당시 종전의 규정에 따라 제조 또는 수입된 화장품에 대하여는 종전의 규정을 적용한다.

② 이 고시 시행 당시 종전 규정에 따라 심사받은 기능성화장품의 별첨규격과 기준 및 시험방법에서 "장원기 일반시험법" 및 "「화장품 기준 및 시험방법」(식품의약품안전청 고시)"을 인용하고 있는 경우, 이를 각각 "「기능성화장품 기준 및 시험방법」(식품의약품안

전청 고시) 일반시험법 Ⅵ-1. 원료" 및 "「기능성화장품 기준 및 시험방법」(식품의약품안전청 고시) 일반시험법 Ⅵ-2. 제제"를 인용한 것으로 본다.

③ 이 고시 시행 당시 종전 규정에 따라 허가 또는 신고 수리된 의약품 및 의약외품의 별첨규격과 기준 및 시험방법에서 "장원기 일반시험법" 및 "「화장품 기준 및 시험방법」(식품의약품안전청 고시)"을 인용하고 있는 경우, 이를 "「의약외품에 관한 기준 및 시험방법」(식품의약품안전청 고시) 의약외품 각조 제4부 첨가제"를 인용한 것으로 본다.

제5조【다른 고시의 개정】 ① 「의약품의 품목허가·신고·심사 규정」(식품의약품안전청 고시 제2012-137호, 2012.12.28.)을 다음과 같이 개정한다.

제12조제3항제2호사목 중 "「화장품 원료지정에 관한 기준」(식약청 고시) 별표 1의 화장품원료기준"을 "「의약외품에 관한 기준 및 시험방법」(식품의약품안전청 고시) 의약외품 각조 제4부 첨가제"로 한다.

② 「의약외품 품목허가·신고·심사 규정」(식품의약품안전청고시 제2011-5호, 2011.2.1.)을 다음과 같이 개정한다.

제9조제3항제2호자목 중 "「화장품 원료지정에 관한 규정」(식품의약품안전청 고시) 별표 1에 따른 화장품원료기준"을 "「의약외품에 관한 기준 및 시험방법」(식품의약품안전청 고시) 의약외품 각조 제4부 첨가제"로 한다.

③ 「생물학적제제 등의 품목허가·심사 규정」(식품의약품안전청 고시 제2012-123호, 2012.12.26.)을 다음과 같이 개정한다.

제12조제3항제2호아목 중 "「화장품 원료지정에 관한 기준」(식품의약품안전청 고시) 별표 1의 화장품원료기준"을 "「의약외품에 관한 기준 및 시험방법」(식품의약품안전청 고시) 의약외품 각조 제4부 첨가제"로 한다.

④ 「한약(생약)제제 등의 품목허가·신고에 관한 규정」(식품의약품안전청 고시 제2012-22호, 2012.5.22.)을 다음과 같이 개정한다.

제12조제3항제2호바목 중 "「화장품 원료지정에 관한 규정」(식약청 고시) 별표 1의 화장품원료기준"을 "「의약외품에 관한 기준 및 시험방법」(식품의약품안전청 고시) 의약외품 각조 제4부 첨가제"로 한다.

부 칙 〈제2013-24호, 2013.4.5.〉

(정부조직개편에 따른 소관명칭 변경을 위한 민원의 전자적 신청 및 처리에 관한 규정 등 일부개정)

제1조【시행일】 이 고시는 고시한 날로부터 시행한다.

부 칙 〈제2014 - 79호, 2014.2.12.〉

이 고시는 고시한 날부터 시행한다.

부 칙 〈제2014 - 118호, 2014.5.30.〉

이 고시는 고시한 날부터 시행한다.

부 칙 〈제2014 - 199호, 2014.12.23.〉

제1조【시행일】 이 고시는 고시 후 1개월이 경과한 날부터 시행한다.

제2조【적용례】 이 고시는 고시 시행 후 최초로 제조 또는 수입(통관일을 기준으로 한다)된 화장품부터 적용한다.

제3조【경과조치】 이 고시 시행 당시 종전의 규정에 따라 제조 또는 수입(통관일을 기준으로 한다)된 화장품은 종전의 규정을 적용한다.

부 칙 〈제2015 - 43호, 2015.7.10.〉

제1조【시행일】 이 고시는 고시한 날부터 시행한다. 다만, 별표 2의 개정규정은 고시 후 1개월이 경과한 날부터 시행한다.

제2조【적용례】 이 고시는 고시 시행 후 화장품 제조업자 및 제조판매업자가 제조 또는 수입(통관일을 기준으로 한다)하는 화장품부터 적용한다.

제3조【경과조치】 이 고시 시행 당시 종전의 규정에 따라 제조 또는 수입된 화장품에 대하여는 종전의 규정을 적용한다.

부 칙 〈제2015 - 110호, 2015.12.29.〉

제1조【시행일】 이 고시는 고시한 날부터 시행한다. 다만, 별표 2 중 드로메트리졸의 사용한도란 및 별표 3의 개정규정은 고시 후 1개월이 경과한 날부터 시행한다.

제2조【자일렌, 드로메트리졸, 유통화장품 안전관리 기준 시험방법 변경의 적용례】 별표 1, 별표 2, 별표 4의 개정규정은 고시 시행 후 제조 또는 수입(통관일을 기준으로 한다)되는 화장품부터 적용한다.

제3조【인체세포·조직배양액의 안전기준에 관한 적용례】 별표 3의 개정규정은 이 고시 시행 후 제조 또는 수입(통관일 기준으로 한다)되는 '인체 세포·조직 배양액'부터 적용한다.

부 칙 〈제2016-74호, 2016.7.28.〉

제1조【시행일】 이 고시는 고시한 날로부터 시행한다.

제2조【적용례】 이 고시는 고시 시행 후 화장품 제조업자 및 제조판매업자가 제조 또는 수입(통관일을 기준으로 한다)하는 화장품부터 적용한다.

제3조【경과조치】 이 고시 시행 당시 종전의 규정에 따라 제조 또는 수입된 화장품에 대하여는 종전의 규정을 적용한다.

[별표 1] 사용할 수 없는 원료

[별표 2] 사용상의 제한이 필요한 원료

[별표 3] 인체 세포·조직 배양액 안전기준(별표 1 관련)

[별표 4] 유통화장품 안전관리 시험방법(제5조 관련)

[별표 1, 2, 3, 4] 생략

13. 어린이보호포장대상공산품의 안전기준

[시행 2015.4.15.] [국가기술표준원고시 제2015－122호, 2015.4.15., 일부개정]
국가기술표준원(생활제품안전과), 043－870－5452

1. **적용 범위** 이 기준은 어린이가 쉽게 열지 못하는 재봉함 가능 포장에 대한 안전요건 및 시험 방법에 대하여 규정한다. 시험 방법은 어린이의 접근을 제한하는 포장의 효율성 측면을 측정할뿐만 아니라 성인에 의한 내용물의 접근 가능성도 측정한다. 시험 절차는 일반적으로 사용될 때 포장으로부터 노출되거나 제거될 수 있는 모든 제품의 재봉함 가능 포장에 대해서 언급한다. 이 기준은 포장의 형태 승인(3.1)에 대해서만 인정하는 것이고 성능 인정까지 포함하지는 않는다.
2. **관련 표준** 다음에 나타내는 표준은 이 기준에 인용됨으로써 이 기준의 규정 일부를 구성한다. 이러한 관련 표준은 그 최신판을 적용한다.

KS A ISO 8317 어린이 보호 포장－재봉함 용기에 대한 요건 및 시험절차

ISO 8317 Child－resistant Packaging－Requirements and testing procedures for reclosable packages

16 CFR 1700 미국 연방규정집 16편 1700장

3. 용어 정의

이 기준에 있어서 다음과 같은 용어와 정의가 사용된다.

3.1 **용기**(container) : 제품에 대한 적정한 포장을 할 수 있도록 고안된 유리, 금속, 플라스틱 및 복합재료로 구성된 용기로서 봉함장치를 사용할 수 있도록 마개가 있는 포장재 형태

3.2 **마개**(closure) : 주위 환경 변화에 관계없이 적정한 용기에 완전한 봉함을 할 수 있도록 금속, 플라스틱 및 복합재료로 구성된 캡 또는 안전장치

3.3 **어린이 보호 포장**(child－resistant package) : 이 기준의 요구조건에 따라 성인이 개봉하기는 어렵지 않지만 52개월 미만의 어린이가 내용물을 꺼내기 어렵게 설계·고안된 포장(용기를 포함한다)

3.4 **재봉함 포장**(reclosable package) : 처음 개봉한 뒤 내용물을 흘리지 않고 충분한

횟수의 개봉 및 봉함 작업에도 처음과 같은 안전도를 제공할 정도로 다시 봉함할 수 있는 포장

3.5 **대체품**(substitute product) : 포장 내용물과 유사한 불활성 물질

비고 어린이 보호 포장에서 고체로 된 대체품은 일반적으로 분말, 과립 또는 5~30mm 크기의 실제 제품과 유사한 단위 형태로 무채색이며 무해한 것이어야 한다. 액체로 된 대체품은 무색의 물이어야 한다.

4. 어린이보호포장대상공산품의 구체적인 범위는 부속서 1에 따른다.
5. 안전 요건

5.1 보호용기 안전요건

5.1.1 어린이보호포장에 대한 요건 및 시험절차는 KS T ISO 8317(ISO 8317) 또는 16CFR 1700 최신판 및 이와 동등한 기준을 적용하여 시험하였을 때 적합하여야 한다(ISO 8317에 따른 시험절차는 부속서 2 참고).[1)]

5.1.2 5.1.1의 안전요건에 대한 적합여부 확인방법

어린이보호대상제품에 보호용기를 사용하였음을 확인하기 위해 다음과 같은 국제 공인 시험·검사기관(ISO/IEC 17025 또는 ISO/IEC 17020)에서 발행한 국제공인시험·검사성적서 또는 이에 준하는 입증서류를 제출하여야 한다.

1) 국제공인시험기관에서 발행한 공인시험·검사 성적서
2) 보호용기를 공급한 업체 또는 사용업체(판매업체)에서 공급자 적합성 방법(ISO/IEC Guide 22)에 준한 시험·검사성적서
3) 제3자 시험·검사기관에서 발행한 시험·검사성적서

[비고 1] 어린이 및 성인 패널시험 결과 보고서를 작성하여 제출하여야 하며 시험결과에는 부속서 5의 결과보고서 양식에 따라 패널참가 기관의 대표자명, 주소 및 전화번호, 참가자의 성명과 생년월일이 정확하게 기재되어야 한다.

[비고 2] 수입제품에 대한 시험검사 성적서는 수입자에 의해 발행되어야 하며 국내 제품의 경우 제조업체 및 사용업체에서 발행하여야 한다.

5.2 석면 석면의 안전요건은 「공산품의 석면 안전기준」에 따른다.

6. 모델의 구분 모델은 보호 포장의 분류기준(부속서 4)에 따라 구분된다.
7. 표시사항 어린이보호포장 표시의 기준과 방법은 법 제25조 및 동법 시행규칙 제27조에 따른다.

---

1) 어린이 패널 참가자의 연령 분포는 남녀 10% 이상의 편차가 나지 않는 범위에서 42~44개월 30%, 45~48개월 40%, 49~51개월 30%로 하여 50명씩 4그룹으로 나누어 실시하여야 한다.

부 칙 〈제2015-122호, 2015.4.15.〉

제1조【시행일】 이 고시는 고시한 날부터 시행한다.

[부속서 1] 어린이 보호포장 대상 공산품의 구체적인 범위
[부속서 2] 어린이 보호 포장-재봉함 용기에 대한 요건 및 시험 절차
[부속서 3] 일련의 유사한 포장평가(참고)
[부속서 4] 어린이 보호포장의 분류기준(참고)
[부속서 5] 어린이 패널시험 시험 · 검사 결과 보고서 서식
[부속서 1, 2, 3, 4, 5]생략

14. 화장품 바코드 표시 및 관리요령

[시행 2016.5.17.] [식품의약품안전처고시 제2016－41호, 2016.5.17., 일부개정]
식품의약품안전처(화장품정책과), 043－719－3408

제1장 총 칙

제1조【목적】 이 고시는 화장품법 시행규칙 제19조제4항제1호의 규정에 의하여 국내 제조 및 수입되는 화장품에 대하여 표준바코드를 표시하게 함으로써 화장품 유통현대화의 기반을 조성하여 유통비용을 절감하고 거래의 투명성을 확보함을 목적으로 한다.

제2조【정의】 이 고시에 사용되는 용어의 정의는 다음과 같다.

1. "화장품코드"라 함은 개개의 화장품을 식별하기 위하여 고유하게 설정된 번호로써 국가식별코드, 제조업자 등의 식별코드, 품목코드 및 검증코드를 포함한 12 또는 13자리의 숫자를 말한다.
2. "바코드"라 함은 인쇄된 문자나 숫자 등의 데이터를 일정한 약속에 의해 컴퓨터에 자동 입력시키기 위한 판독이 가능한 색의 막대 그리고 굵은 막대와 가는 막대의 조합으로서 정보를 표현하는 수단을 말한다.
3. "심벌"이라 함은 여러 종류의 폭을 갖는 평행 막대로 구성되는 바코드와 여백 및 광학적 문자판독(Optical Character Recognition) 폰트의 글자로 구성되어 스캐너가 읽을 수 있도록 인쇄된 마크를 말한다.

제3조【표시대상】 ① 화장품 바코드 표시대상품목은 국내에서 제조되거나 수입되어 국내에 유통되는 모든 화장품(기능성화장품 포함)을 대상으로 한다.

② 제1항 규정에 불구하고 내용량이 15밀리리터 이하 또는 15그램 이하인 제품의 용기 또는 포장이나 견본품, 시공품 등 비매품에 대하여는 화장품 바코드 표시를 생략할 수 있다.

제4조【표시의무자】 화장품 바코드 표시는 국내에서 화장품을 유통·판매하고자 하는 화장품제조판매업자가 한다.

제5조【바코드의 종류 및 구성체계 등】 ① 화장품 바코드는 국제표준바코드인 EAN/UCC 체계 중 EAN/UCC－13, EAN/UCC－14 또는 EAN/UCC－128 중 하나 또는 UPC BAR CODE를 사용하여야 한다. 다만, 화장품 판매업소를 통하지 않고 소비자의 가정을 직접 방문하여 판매하는 등 폐쇄된 유통경로를 이용하는 경우에는 자체적으로 마련한 바코드를 사용할 수 있다.

② 화장품 바코드 구성체계 등은 별표 1과 같다.

③ 제조판매업자 등이 화장품코드를 설정함에 있어 바코드 오독방지와 신뢰성 향상을 위해 설정된 마지막 자리의 검증코드(Check Digit)를 정하기 위한 계산법은 별표 2와 같다.

제6조【바코드표시】 ① 제조판매업자 등은 화장품 품목별·포장단위별로 개개의 용기 또는 포장에 제5조의 규정에 의한 바코드 심벌을 표시하여야 한다.

② 제1항의 규정에 의한 바코드를 표시함에 있어 바코드의 인쇄크기, 색상 및 위치는 별표 3과 같다. 다만, 용기포장의 디자인에 따라 판독이 가능하도록 바코드의 인쇄크기와 색상을 자율적으로 정할 수 있다.

③ 화장품 바코드 표시는 유통단계에서 쉽게 훼손되거나 지워지지 않도록 하여야 한다.

제7조【재검토기한】 식품의약품안전처장은 「훈령·예규 등의 발령 및 관리에 관한 규정」에 따라 이 고시에 대하여 2016년 7월 1일 기준으로 매3년이 되는 시점(매 3년째의 6월 30일까지를 말한다)마다 그 타당성을 검토하여 개선 등의 조치를 하여야 한다.

부 칙 〈제2001－68호, 2001.12.7.〉

① **【시행일】** 이 고시는 2002년 1월 1일부터 시행한다.

② **【화장품 제조업자 및 수입자 등에 대한 경과조치】** 이 고시 시행일 이전에 화장품 제조업자(수입자)가 제조(수입)한 제품에 대하여는 제6조의 규정에 의한 화장품 바코드 표시를 2003년 1월 1일부터 적용한다.

부 칙 〈제2009－150호, 2009.8.24.〉

이 고시는 2009년 8월 24일부터 시행한다.

부 칙 〈제2012－103호,2012.8.23.〉

(의료기관 조제실 제제 관리 기준 등 고시 일부개정)

제1조【시행일】 이 고시는 2012년 8월 24일부터 시행한다.

부 칙 〈제2013－172호, 2013.4.5.〉
(정부조직개편에 따른 소관명칭 변경을 위한 민원의 전자적 신청 및 처리에 관한 규정 등 일부개정)

제1조 【시행일】 이 고시는 고시한 날부터 시행한다.

부 칙 〈제2016－41호, 2016.5.17.〉

이 고시는 고시한 날부터 시행한다.

[별표 1] 화장품 바코드의 구성체계

[별표 2] 검증코드 계산법(Modulus 10)

[별표 3] 화장품 바코드의 인쇄크기, 색상 및 위치

[별표 2, 3] 생략

[별표 1]

▌화장품 바코드의 구성체계

구 분	EAN/UCC－13	EAN/UCC－14	AI와 EAN/UCC－128	UPC (Universal Product Code)
심벌명	EAN/UCC－13	ITF－14	EAN/UCC－128	UPC
번호체계	EAN/UCC－13 (아래 참조)	EAN/UCC－14 (아래 참조)	－	
자리수	숫자(Numeric)13	숫자(Numeric)14	숫자.문자,특수문자	숫자(Numeric)12

1. EAN/UCC－13 및 EAN/UCC－14 번호체계

1) EAN/UCC－13 번호체계

8 801234 567893

자리수	3	4 또는 6	5 또는 3	1
내 용	국가식별코드	업체식별코드	품목코드	검증번호
부여 예	880	6101	12345	1

* 업체식별코드 자릿수가 4자리인 경우 품목코드 자릿수는 5자리
* 업체식별코드 자릿수가 5자리인 경우 품목코드 자릿수는 4자리
* 업체식별코드 자릿수가 6자리인 경우 품목코드 자릿수는 3자리

2) EAN/UCC－14 번호체계

0 8 8 0 1 2 3 4 5 6 7 8 9 3

자리수	1	3	4 또는 6	5또는3	1
내 용	물류식별	국가식별	업체식별	품목코드	검증번호
부여 예	0－9	880	6101	12345	1

* 업체식별코드 자릿수가 4자리인 경우 품목코드 자릿수는 5자리
* 업체식별코드 자릿수가 5자리인 경우 품목코드 자릿수는 4자리
* 업체식별코드 자릿수가 6자리인 경우 품목코드 자릿수는 3자리

2. AI와 EAN/UCC－128 체계

AI와 EAN/UCC－128의 체계는 EAN/UCC－13과 EAN/UCC－14의 기본번호체계에 보충정보를 추가하며, 추가정보는 응용식별자(Application Identifier) 포맷을 따른다.

15. 화장품 가격표시제실시요령

[시행 2016.4.8.] [식품의약품안전처고시 제2016-25호, 2016.4.8., 일부개정]
식품의약품안전처(화장품정책과), 043-719-3408

제1장 총 칙

제1조【목적】 이 고시는 「화장품법」 제11조, 「물가안정에 관한 법률」 제3조의 규정에 의해 화장품을 판매하는 자에게 당해 품목의 실제거래 가격을 표시하도록 함으로써 소비자의 보호와 공정한 거래를 도모함을 목적으로 한다.

제2조【정의】 이 고시에서 사용하는 용어의 정의는 다음과 같다.

1. "표시의무자"라 함은 화장품을 일반 소비자에게 판매하는 자를 말한다.
2. "판매가격"이라 함은 화장품을 일반 소비자에게 판매하는 실제 가격을 말한다.

제3조【표시대상】 판매가격표시 대상은 국내에서 제조되거나 수입되어 국내에서 판매되는 모든 화장품으로 한다.

제4조【표시의무자의 지정등】 ① 화장품을 일반소비자에게 소매 점포에서 판매하는 경우 소매업자(직매장을 포함한다)가 표시의무자가 된다. 다만, 「방문 판매 등에 관한 법률」에서 규정한 방문판매업·후원방문판매업, 「전자상거래 등에서의 소비자보호에 관한 법률」에서 규정한 통신판매업의 경우에는 그 판매업자가, 「방문 판매 등에 관한 법률」에서 규정한 다단계판매업의 경우에는 그 판매자가 판매가격을 표시하여야 한다.

② 제1항의 표시의무자 이외의 제조판매업자, 제조업자는 그 판매 가격을 표시하여서는 안된다.

③ 판매가격표시 의무자는 매장크기에 관계없이 가격표시를 하지 아니하고 판매하거나 판매할 목적으로 진열·전시하여서는 아니된다.

제5조【가격표시】 판매가격의 표시는 일반소비자에게 판매되는 실제 거래가격을 표시하여야 한다.

제6조【표시방법】 ① 판매가격의 표시는 유통단계에서 쉽게 훼손되거나 지워지지 않으며 분리되지 않도록 스티커 또는 꼬리표를 표시하여야 한다.

② 판매가격이 변경되었을 경우에는 기존의 가격표시가 보이지 않도록 변경 표시하여야 한다. 다만, 판매자가 기간을 특정하여 판매가격을 변경하기 위해 그 기간을 소비자에게 알리고, 소비자가 판매가격을 기존가격과 오인·혼동할 우려가 없도록 명확히 구분하여 표시하는 경우는 제외한다.

③ 판매가격은 개별 제품에 스티커 등을 부착하여야 한다. 다만, 개별 제품으로 구성된 종합제품으로서 분리하여 판매하지 않는 경우에는 그 종합제품에 일괄하여 표시할 수 있다.

④ 제1항부터 제3항까지의 규정에도 불구하고 판매자는 업태, 취급제품의 종류 및 내부 진열상태 등에 따라 개별 제품에 가격을 표시하는 것이 곤란한 경우에는 소비자가 가장 쉽게 알아볼 수 있도록 제품명, 가격이 포함된 정보를 제시하는 방법으로 판매가격을 별도로 표시할 수 있다. 이 경우 화장품 개별 제품에는 판매가격을 표시하지 아니할 수 있다.

⑤ 판매가격의 표시는 『판매가 ○○원』 등으로 소비자가 알아보기 쉽도록 선명하게 표시하여야 한다.

제7조【가격관리 기본지침 등】 ① 특별시장, 광역시장, 도지사 또는 제주특별자치도지사(이하 "시·도지사"라 한다)는 매년 식품의약품안전처장이 시달하는 가격관리 기본지침에 따라 화장품 가격표시제도 실시현황을 지도·감독하여야 한다.

② 제1항의 기본 지침에는 다음 각호의 사항이 포함되어야 한다.

1. 가격표시 사후 관리 및 감독에 관한 사항
2. 가격표시 정착을 위한 교육 및 홍보에 관한 사항
3. 기타 가격표시제 실시에 관하여 필요한 사항

③ 시도지사는 제1항의 규정에 의하여 시달된 기본지침에 따라 그 관할 구역 안의 실정에 맞는 세부시행지침을 수립하여 시행하여야 한다.

제8조【모법업소 우대조치】 ① 지방자치단체는 화장품 판매가격을 성실히 이행하는 화장품 판매업소를 모범업소로 지정할 수 있다.

② 제1항의 규정에 의한 모범업소에 대하여 국가 또는 지방자치단체는 다른 법률이 정하는 바에 따라 세제지원, 금융지원, 표창 등의 우대조치를 부여할 수 있다.

제9조【홍보·계몽】 식품의약품안전처장은 관련단체장을 통하여 화장품 가격표시가 적정하게 이루어지고 건전한 화장품 가격질서가 확립될 수 있도록 홍보·계몽할 수 있다.

제10조【벌칙】 이 고시를 위반한 자에게는 「물가안정에 관한 법률」 제3조, 제29조 및 「물가안정에 관한 법률 시행령」 제25조의2의 규정에 의하여 과태료를 부과한다.

제11조【보고】 시·도지사는 가격표시제 운영에 관한 연간 추진실적을 다음 년도 1월 말까지 식품의약품안전처장에게 보고하여야 한다.

제12조【기타세부규정】 시·도지사는 가격표시제의 원활한 운영과 집행을 위하여 필요한 경우에는 세부규정을 따로 정할 수 있다.

제13조【재검토기한】 식품의약품안전처장은 「훈령·예규 등의 발령 및 관리에 관한 규정」에 따라 이 고시에 대하여 2016년 7월 1일 기준으로 매3년이 되는 시점(매 3년째의 6월 30일까지를 말한다)마다 그 타당성을 검토하여 개선 등의 조치를 하여야 한다.

부　칙 〈제2013 - 8호, 2013.4.5.〉

제1조【시행일】 이 규정은 고시한 날부터 시행한다.

부　칙 〈제2014 - 121호, 2014.5.30.〉

이 고시는 고시한 날부터 시행한다.

부　칙 〈제2016 - 25호, 2016.4.8.〉

이 고시는 고시한 날부터 시행한다.

16. 화장품 표시·광고 실증에 관한 규정

[시행 2014.2.12.] [식품의약품안전처고시 제2014-80호, 2014.2.12., 일부개정]
식품의약품안전처(화장품정책과), 043-719-3408

제1조【목적】 이 고시는 「화장품법」 제14조 및 같은 법 시행규칙 제23조에 따라 표시·광고 실증에 필요한 사항을 규정함으로써 소비자를 허위·과장광고로부터 보호하고 화장품제조판매업자·제조업자·판매자가 화장품의 표시·광고를 적정하게 할 수 있도록 유도함을 목적으로 한다.

제2조【정의】 이 규정에서 사용하는 용어의 뜻은 다음 각 호와 같다.

1. "실증자료"라 함은 표시·광고에서 주장한 내용 중에서 사실과 관련한 사항이 진실임을 증명하기 위하여 작성된 자료를 말한다.
2. "실증방법"이라 함은 표시·광고에서 주장한 내용 중 사실과 관련한 사항이 진실임을 증명하기 위해 사용되는 방법을 말한다.
3. "인체 적용시험"은 화장품의 표시·광고 내용을 증명할 목적으로 해당 화장품의 효과 및 안전성을 확인하기 위하여 사람을 대상으로 실시하는 시험 또는 연구를 말한다.
4. "인체 외 시험"은 실험실의 배양접시, 인체로부터 분리한 모발 및 피부, 인공피부 등 인위적 환경에서 시험물질과 대조물질 처리 후 결과를 측정하는 것을 말한다.
5. "시험기관"은 시험을 실시하는데 필요한 사람, 건물, 시설 및 운영단위를 말한다.
6. "시험계"는 시험에 이용되는 미생물과 생물학적 매체 또는 이들의 구성성분으로 이루어지는 것을 말한다.

제3조【실증자료】 ① 「화장품법 시행규칙」 제23조제2항에 따라 합리적인 근거로 인정될 수 있는 실증자료는 다음 중 어느 하나에 해당하여야 한다. 다만, 별표에서 정하는 표시·광고의 경우에는 별표의 실증자료를 합리적인 근거로 인정한다.

1. 시험결과 : 인체 적용시험 자료, 인체 외 시험 자료, 같은 수준 이상의 조사 자료

   예시 같은 수준 이상의 조사자료 : 해당 표시·광고와 관련된 시험결과 등이 포함된 논문, 학술문헌 등

2. 조사결과

   예시 표본설정, 질문사항, 질문방법이 그 조사의 목적이나 통계상의 방법과 일치하는 소비자 조사결과, 전문가집단 설문조사 등

② 실증자료는 객관적이고 과학적인 절차와 방법에 따라 작성된 것이어야 한다. 이 요건 충족 여부는 제4조 및 제5조에 따라 판단한다.

③ 실증자료의 내용은 광고에서 주장하는 내용과 직접적인 관계가 있어야 한다.

예시 실증자료에서 입증한 내용이 표시·광고에서 주장하는 내용과 관련이 없는 경우
효능이나 성능에 대한 표시·광고에 대하여 일반 소비자를 대상으로 한 설문조사나, 그 제품을 소비한 경험이 있는 일부 소비자를 대상으로 한 조사결과를 제출한 경우

- 해당 제품의 '여드름 개선' 효과를 표방하는 표시·광고에 대하여 해당 제품에 여드름 개선 효과가 있음을 입증하는 자료를 제출하지 아니하고 '여드름 피부개선용 화장료 조성물' 특허자료 등을 제출하는 경우

예시 실증자료에서 입증한 내용이 표시·광고에서 주장하는 내용과 부분적으로만 상관이 있는 경우
제품에 특정 성분이 들어 있지 않다는 "무(무) ○○" 광고 내용과 관련하여 제품에 특정 성분이 함유되어 있지 않다는 시험자료를 제출하지 아니하고 제조과정에 특정 성분을 첨가하지 않았다는 제조관리기록서나 원료에 관한 시험자료를 제출한 경우

제4조【시험 결과의 요건】「화장품법 시행규칙」 제23조제2항에 따른 표시·광고 실증을 위한 시험 결과의 요건은 다음 각 호와 같다.

1. 공통사항
   가. 광고 내용과 관련이 있고 과학적이고 객관적인 방법에 의한 자료로서 신뢰성과 재현성이 확보되어야 한다.
   나. 국내외 대학 또는 화장품 관련 전문 연구기관(제조 및 영업부서 등 다른 부서와 독립적인 업무를 수행하는 기업 부설 연구소 포함)에서 시험한 것으로서 기관의 장이 발급한 자료이어야 한다.

   예시 대학병원 피부과, ○○대학교 부설 화장품 연구소, 인체시험 전문기관 등

   다. 기기와 설비에 대한 문서화된 유지관리 절차를 포함하여 표준화된 시험절차에 따라 시험한 자료이어야 한다.
   라. 시험기관에서 마련한 절차에 따라 시험을 실시했다는 것을 증명하기 위해 문서화된 신뢰성보증업무를 수행한 자료이어야 한다.
   마. 외국의 자료는 한글요약문(주요사항 발췌) 및 원문을 제출할 수 있어야 한다.
2. 인체 적용시험 자료
   가. 인체 적용시험은 다음의 기준에 따라 실시하여야 한다.
      1) 관련분야 전문의 또는 병원, 국내외 대학, 화장품 관련 전문 연구기관에서 5년 이상 화장품 인체 적용시험 분야의 시험경력을 가진 자의 지도 및 감독 하에 수행·평가되어야 한다.
      2) 인체 적용시험은 헬싱키 선언에 근거한 윤리적 원칙에 따라 수행되어야 한다.
      3) 인체 적용시험은 과학적으로 타당하여야 하며, 시험 자료는 명확하고 상세히 기술되어야 한다.
      4) 인체 적용시험은 피험자에 대한 의학적 처치나 결정은 의사 또는 한의사의 책

임 하에 이루어져야 한다.

5) 인체 적용시험은 모든 피험자로부터 자발적인 시험 참가 동의(문서로 된 동의서 서식)를 받은 후 실시되어야 한다.

6) 피험자에게 동의를 얻기 위한 동의서 서식은 시험에 관한 모든 정보(시험의 목적, 피험자에게 예상되는 위험이나 불편, 피험자가 피해를 입었을 경우 주어질 보상이나 치료방법, 피험자가 시험에 참여함으로써 받게 될 금전적 보상이 있는 경우 예상금액 등)를 포함하여야 한다.

7) 인체 적용시험용 화장품은 안전성이 충분히 확보되어야 한다.

8) 인체 적용시험은 피험자의 인체 적용시험 참여 이유가 타당한지 검토·평가하는 등 피험자의 권리·안전·복지를 보호할 수 있도록 실시되어야 한다.

9) 인체 적용시험은 피험자의 선정·탈락기준을 정하고 그 기준에 따라 피험자를 선정하고 시험을 진행해야 한다.

나. 인체 적용시험의 최종시험결과보고서는 다음의 사항을 포함하여야 한다.

1) 시험의 종류(시험 제목)

2) 코드 또는 명칭에 의한 시험물질의 식별

3) 화학물질명 등에 의한 대조물질의 식별(대조물질이 있는 경우에 한함)

4) 시험의뢰자 및 시험기관 관련 정보

가) 시험의뢰자의 명칭과 주소

나) 관련된 모든 시험시설 및 시험지점의 명칭과 소재지, 연락처

다) 시험책임자 및 시험자의 성명

5) 날짜: 시험개시 및 종료일

6) 신뢰성보증확인서: 시험점검의 종류, 점검날짜, 점검시험단계, 점검결과 등이 기록된 것

7) 피험자

가) 선정 및 제외 기준

나) 피험자 수 및 이에 대한 근거

8) 시험방법

가) 시험 및 대조물질 적용방법(대조물질이 있는 경우에 한함)

나) 적용량 또는 농도, 적용 횟수, 시간 및 범위, 사용제한

다) 사용장비 및 시약

라) 시험의 순서, 모든 방법, 검사 및 관찰, 사용된 통계학적 방법

마) 평가방법과 시험목적 사이 연관성, 새로운 방법일 경우 이 연관성을 확인할 수 있는 근거자료

9) 시험결과

가) 시험결과의 요약

나) 시험계획서에 제시된 관련 정보 및 자료

다) 통계학적 유의성 결정 및 계산과정을 포함한 결과

라) 결과의 평가와 고찰, 결론

3. 인체 외 시험 자료

가. 인체 외 시험은 과학적으로 검증된 방법이거나 밸리데이션을 거쳐 수립된 표준작업지침에 따라 수행되어야 한다.

예시 표준화된 방법에 따라 일관되게 실시할 목적으로 절차·수행방법 등을 상세하게 기술한 문서에 따라 시험을 수행한 경우 합리적인 실증자료로 볼 수 있음

나. 최종시험결과보고서는 다음 각 호의 사항을 포함하여야 한다.

1) 시험의 종류(시험 제목)

2) 코드 또는 명칭에 의한 시험물질의 식별

3) 화학물질명 등에 의한 대조물질의 식별

4) 시험의뢰자 및 시험기관 관련 정보

가) 시험의뢰자의 명칭과 주소

나) 관련된 모든 시험, 시설 및 시험지점의 명칭과 소재지, 연락처

다) 시험책임자의 성명

라) 시험자의 성명, 위임받은 시험의 단계

마) 최종보고서의 작성에 기여한 외부전문가의 성명

5) 날짜 : 시험개시 및 종료일

6) 신뢰성보증확인서 : 시험점검의 종류, 점검날짜, 점검시험단계, 점검결과가 기록된 것

7) 시험재료와 시험방법

가) 시험계 선정사유

나) 시험계의 특성(**예** 종류, 계통, 공급원, 수량, 그 밖의 필요한 정보)

다) 처리방법과 그 선택이유

라) 처리용량 또는 농도, 처리횟수, 처리 또는 적용기간

마) 시험의 순서, 모든 방법, 검사 및 관찰, 사용된 통계학적방법을 포함하여 시험계획과 관련된 상세한 정보

바) 사용 장비 및 시약

8) 시험결과

가) 시험결과의 요약

나) 시험계획서에 제시된 관련 정보 및 자료

다) 통계학적 유의성 결정 및 계산과정을 포함한 결과

라) 결과의 평가와 고찰, 결론

제5조【조사 결과의 요건】「화장품법 시행규칙」 제23조제2항에 따른 표시·광고 실증을 위한 조사결과의 요건은 다음 각 호와 같다.

1. 조사기관은 사업자와 독립적이어야 하며, 조사할 수 있는 능력을 갖추어야 한다.
2. 조사절차와 방법 등은 다음 조건을 충족하여야 한다.

가. 조사목적이 적정하여야 하며, 조사 목적에 부합하는 표본의 대표성이 있어야 한다.

나. 기초자료의 결과는 정확하게 보고되어야 한다.

다. 질문사항은 표본설정, 질문사항, 질문방법이 그 조사의 목적이나 통계상 방법과 일치하여야 한다.

라. 조사는 공정하게 이루어져야 하고, 피조사자는 조사목적을 모르는 가운데 진행되어야 한다.

제6조【규제의 재검토】「행정규제기본법」 제8조 및 「훈령·예규 등의 발령 및 관리에 관한 규정」(대통령훈령 제248호)에 따라 2014년 1월 1일을 기준으로 매 3년이 되는 시점(매 3년째의 12월 31일까지를 말한다)마다 그 타당성을 검토하여 개선 등의 조치를 하여야 한다.

부　칙〈제2012－116호, 2012.11.27.〉

제1조【시행일】 이 고시는 고시한 날부터 시행한다.

제2조【적용례】 제4조, 제5조의 규정은 이 고시 시행 후 제조업자, 제조판매업자 또는 판매자가 최초로 행한 표시·광고부터 적용한다.

부　칙〈제2013－171호, 2013.4.5.〉

제1조【시행일】 이 고시는 고시한 날부터 시행한다.

부　칙〈제2014－80호, 2014.2.12.〉

이 고시는 고시한 날부터 시행한다.

[별표] 표시·광고에 따른 실증자료(제3조제1항 단서 관련)

▌표시·광고에 따른 실증자료(제3조제1항 단서 관련)

표시·광고 표현	실증자료
여드름성 피부에 사용에 적합	인체 적용시험 자료 제출
항균(인체세정용 제품에 한함)	인체 적용시험 자료 제출
피부노화 완화	인체 적용시험 자료 또는 인체 외 시험 자료 제출
일시적 셀룰라이트 감소	인체 적용시험 자료 제출
붓기, 다크서클 완화	인체 적용시험 자료 제출
피부 혈행 개선	인체 적용시험 자료 제출
콜라겐 증가, 감소 또는 활성화	기능성화장품에서 해당 기능을 실증한 자료 제출
효소 증가, 감소 또는 활성화	기능성화장품에서 해당 기능을 실증한 자료 제출

17. 식품의약품안전처 과징금 부과처분 기준 등에 관한 규정

[시행 2016.3.16.] [식품의약품안전처훈령 제86호, 2016.3.16., 일부개정]
식품의약품안전처(규제개혁법무담당관), 043-719-1533

제1조【목적】 이 규정은 식품의약품안전처장 또는 지방식품의약품안전청장이 「약사법」 제81조제1항, 「마약류관리에 관한 법률」 제46조제1항, 「화장품법」 제28조제1항, 「의료기기법」 제38조제1항에 따라 업무정지처분에 갈음한 과징금을 부과함에 있어 준수해야 하는 판단 기준, 절차 등 세부 규정을 정함을 목적으로 한다.

제2조【적용대상】 이 규정은 식품의약품안전처장 또는 지방식품의약품안전청장(이하 "처분권자"라 한다)이 「약사법」, 「마약류관리에 관한 법률」, 「화장품법」, 「의료기기법」을 위반한 자에 대해 업무정지처분에 갈음한 과징금(이하 "과징금"이라 한다) 부과처분을 하는 경우에 적용한다.

제3조【판단기준】 ① 과징금은 다음 각 호의 어느 하나에 해당되는 경우 부과할 수 있다.

1. 업무정지처분으로 인해 이용자에게 심한 불편을 초래하는 경우
2. 그 밖에 특별한 사유가 인정되는 경우

② 제1항에 따른 과징금 부과대상의 세부 기준은 별표와 같다.

③ 전(제조, 수입, 판매 또는 수리) 업무정지 처분의 경우에는 품목별로 제2항 해당여부에 따라 처분을 달리할 수 있다.

제4조【심의 등】 ① 과징금 부과여부는 처분권자가 해당 법령 및 이 규정에 따라 판단한다.

② 처분권자가 과징금 부과에 대한 심의, 조정이 필요하다고 판단한 경우 식품의약품안전처 행정처분사전심의위원회에 심의를 요청할 수 있다.

③ 처분권자가 제2항에 따라 심의를 요청한 경우에 대한 처리절차는 「식품의약품안전처 행정처분사전심의위원회 운영 규정」(식품의약품안전처 예규)에 따른다.

제5조【재검토기한】 식품의약품안전처장은 「훈령·예규 등의 발령 및 관리에 관한 규정」에 따라 2016년 7월 1일을 기준으로 매 3년이 되는 시점(매 3년째의 6월 30일까지를 말한다)마다 그 타당성을 검토하여 개선 등의 조치를 하여야 한다.

부 칙 〈제62호, 2014.5.19.〉

제1조【시행일】 이 훈령은 2014년 5월 19일부터 시행한다.

제2조【종전 훈령의 폐지】 종전의 식품의약품안전처 과징금 부과처분 기준 등에 관한 규정은 폐지한다.

제3조【적용례】 이 훈령은 이 훈령 시행 후 최초로 적발된 위반행위부터 적용한다.

제4조【유효기간 만료에 따른 경과조치】 종전의 훈령 유효기간 만료 당시 적발된 위반행위에 대하여 검토 중인 경우에는 처분이 완료될 때까지 이 훈령은 유효한 것으로 본다.

부 칙 〈제86호, 2016.3.16.〉

이 훈령은 발령한 날부터 시행한다.

[별표] 과징금 부과대상의 세부 기준(제3조제2항 관련)

1. 공통 기준

가. 희귀질환 치료용, 대체품목이 없는 등 이용자의 치료에 문제를 초래할 우려가 있는 경우

나. 전염병 치료(예방), 재해 구호, 국방조달용 등 긴급한 공급이 필요한 경우

다. 제조, 수입만 하고 시중에 유통시키지 아니한 경우(무허가·신고의 경우는 제외)

라. 행정처분의 기준에서 그 처분을 감경할 수 있는 경우(단, 처분감경과 과징금 부과를 중복하여 적용할 수 없다)

마. 처분권자가 식품의약품안전처 행정처분사전심의위원회의 의결을 거쳐 과징금 처분으로 행정처분의 실효성을 확보할 수 있다고 판단한 경우

2. 개별 기준

구 분	세부기준
화장품	가. 내용량 시험이 부적합한 경우로서 인체에 유해성이 없다고 인정된 경우 나. 제조업자 또는 제조판매업자가 자진회수계획을 통보하고 그에 따라 회수한 결과 국민보건에 나쁜 영향을 끼치지 아니한 것으로 확인된 경우 다. 포장 또는 표시만의 공정을 하는 제조업자가 해당 품목의 제조 또는 품질 검사에 필요한 시설 및 기구 중 일부가 없거나 「화장품법 시행규칙」 제6조제1항에 따른 화장품을 제조하기 위한 작업소의 기준을 위반한 경우 라. 제조업자 또는 제조판매업자가 「화장품법 시행규칙」 제5조제1항제1호에 따른 변경등록(단, 제조업자의 소재지 변경은 제외)을 하지 아니한 경우 마. 「화장품법」 제8조제2항, 제5항에 따라 식품의약품안전처장이 고시한 사용기준 및 유통화장품 안전관리 기준을 위반한 화장품 중 부적합 정도 등이 경미한 경우 바. 제조판매업자가 「화장품법」 제4조를 위반하여 안전성 및 유효성에 관한 심사를 받지 않거나 그에 관한 보고서를 식약처장에게 제출하지 않고 기능성화장품을 제조 또는 수입하였으나 유통·판매에는 이르지 않은 경우 사. 「화장품법」 제10조 내지 제12조에 따른 기재·표시를 위반한 경우 아. 제조업자 또는 제조판매업자가 「화장품법」 제15조제4호를 위반하여 이물질이 혼입 또는 부착된 화장품을 판매하거나 판매의 목적으로 제조·수입·보관 또는 진열하였으나 인체에 유해성이 없다고 인정되는 경우 자. 기능성화장품에서 기능성을 나타나게 하는 주원료의 함량이 심사 또는 보고한 기준치에 대해 5% 미만으로 부족한 경우

편저자소개

이정희 광주여자대학교 미용과학과 교수

화장품법규

초 판 인 쇄 | 2016년 10월 1일
초 판 발 행 | 2016년 10월 5일

편 저 자 | 이정희
발 행 인 | **조규백**
발 행 처 | 도서출판 **구민사**
(07299)
서울특별시 영등포구 당산로2길 12, 1004호
전 화 | (02) 701-7421(~2)
팩 스 | (02) 3273-9642
홈 페 이 지 | www.kuhminsa.co.kr
등 록 | 제14-29호 (1980년 2월 4일)
I S B N | 979-11-5813-307-8 [93590]
값 | **15,000원**